제제 수학

3-2

서사원주니어

수학을 잘하고 싶은 어린이 모여라!

안녕하세요, 어린이 여러분?

선생님은 초등학교에서 학생들을 가르치면서, 수학을 잘하고 싶지만 어려워하는 어린이들을 많이 만났어요. 그래서 여러분이 혼자서도 수학을 잘할 수 있도록, 개념을 쉽게 알려 주는 문제집을 만들었어요.

여러분, 계단을 올라가 본 적이 있지요? 계단을 한 칸 한 칸 올라가다 보면 어느새 한 층을 다 올라가 있듯, 수학 공부도 똑같아요. 매일매일 조금씩 공부하다 보면 어느새 나도 모르게 수학 실력이 쑥쑥 올라가게 될 거예요.

선생님이 만든 '제제수학'은 수학 교과서처럼 한 단계씩 차근차근 공부할 수 있어요. 개념을 이해하게 도와주는 쉬운 문제부터 천천히 공부할 수 있도록 구성했으니, 수학 진도에 맞춰서 제대로, 그리고 꾸준히 공부해 보세요.

하루하루의 노력이 모여 여러분의 수학 실력을 단단하게 만들어 줄 거예요.

-권오훈, 이세나 선생님이

이 책의 구성과 활용법

step 1 · 단원 내용 공부하기

▶ 학교 진도에 맞춰 단원 내용을 공부해요.
▶ 각 차시별 핵심 정리를 읽고 중요한 개념을 확인한 후 문제를 풀어요.

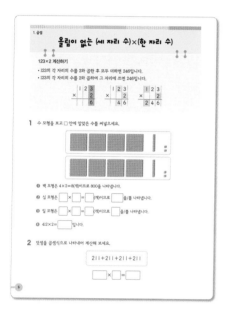

step 2 · 연습 문제
계산력을 키워요.

▶ 단원의 모든 내용을 공부하고 난 뒤에 계산 연습을 해요.
▶ 계산 연습을 할 때에는 집중하여 정확하게 계산하는 태도가 중요해요.
▶ 정확하게 계산을 잘하게 되면 빠르게 계산하는 연습을 해 보세요.

step 3 · 단원 평가
배운 내용을 확인해요.

▶ 잘 이해했는지 확인해 보고, 배운 내용을 정리해요.
▶ 문제를 풀다가 어려운 내용이 있다면 한번 더 공부해 보세요.

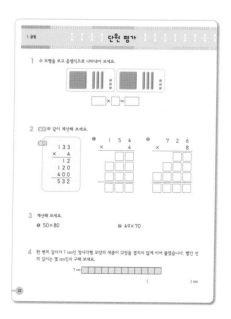

step 4 · 실력 키우기
응용력을 키워요.

▶ 생활 속 문제를 해결하는 힘을 길러요.
▶ 서술형 문제를 풀 때에는 문제를 꼼꼼하게 읽어야 해요.
   식을 세우고 문제를 푸는 연습을 하며 실력을 키워 보세요.

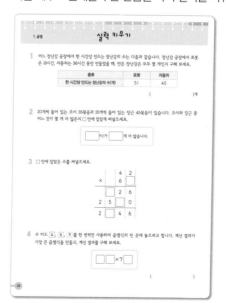

차례

1. 곱셈

- 올림이 없는 (세 자리 수)×(한 자리 수)

- 일의 자리에서 올림이 있는 (세 자리 수)×(한 자리 수)

- 십의 자리, 백의 자리에서 올림이 있는
  (세 자리 수)×(한 자리 수)

- (몇십)×(몇십), (몇십몇)×(몇십)

- (몇)×(몇십몇)

- 올림이 한 번 있는 (몇십몇)×(몇십몇)

- 올림이 여러 번 있는 (몇십몇)×(몇십몇)

올림이 없는 (세 자리 수)×(한 자리 수)

123×2 계산하기

- 123의 각 자리의 수를 2와 곱한 후 모두 더하면 246입니다.
- 123의 각 자리의 수를 2와 곱하여 그 자리에 쓰면 246입니다.

$$
\begin{array}{r}
1\ 2\ \boxed{3} \\
\times\ \ \ \ \ \boxed{2} \\
\hline
6
\end{array}
\qquad
\begin{array}{r}
1\ \boxed{2}\ 3 \\
\times\ \ \ \ \ \boxed{2} \\
\hline
4\ 6
\end{array}
\qquad
\begin{array}{r}
\boxed{1}\ 2\ 3 \\
\times\ \ \ \ \ \boxed{2} \\
\hline
2\ 4\ 6
\end{array}
$$

1 수 모형을 보고 □ 안에 알맞은 수를 써넣으세요.

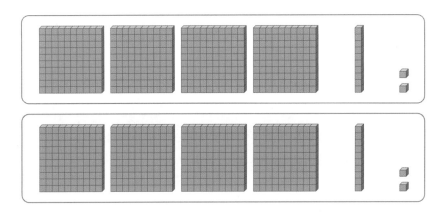

❶ 백 모형은 4×2=8(개)이므로 800을 나타냅니다.

❷ 십 모형은 ☐×☐=☐(개)이므로 ☐을/를 나타냅니다.

❸ 일 모형은 ☐×☐=☐(개)이므로 ☐을/를 나타냅니다.

❹ 412×2=☐ 입니다.

2 덧셈을 곱셈식으로 나타내어 계산해 보세요.

$$211+211+211+211$$

$$\boxed{}\times\boxed{}=\boxed{}$$

3 보기 와 같이 계산해 보세요.

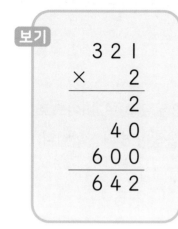

❶
$$
\begin{array}{r}
2\ 3\ 2 \\
\times\ \ \ \ 3 \\
\hline
\end{array}
$$

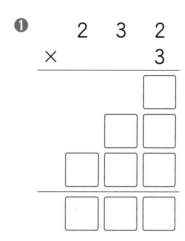

❷
$$
\begin{array}{r}
4\ 3\ 3 \\
\times\ \ \ \ 2 \\
\hline
\end{array}
$$

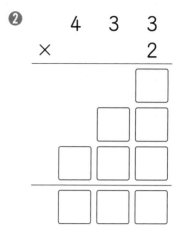

4 계산해 보세요.

❶
$$
\begin{array}{r}
2\ 1\ 4 \\
\times\ \ \ \ 2 \\
\hline
\end{array}
$$

❷
$$
\begin{array}{r}
1\ 3\ 1 \\
\times\ \ \ \ 3 \\
\hline
\end{array}
$$

5 계산 결과를 비교하여 ○ 안에 >, =, <를 알맞게 써넣으세요.

221×3 ◯ 312×2

6 계산 결과가 큰 것부터 순서대로 기호를 써 보세요.

> ㉠ 241×2   ㉡ 412×2   ㉢ 103×3

(   )

7 사과를 한 상자에 133개씩 담았습니다. 3상자에 담은 사과는 모두 몇 개인지 식을 쓰고 답을 구해 보세요.

식 _____   답 _____ 개

일의 자리에서 올림이 있는 (세 자리 수)×(한 자리 수)

125×3 계산하기

• 125의 각 자리 수에 3을 곱한 후 모두 더합니다.

```
    1 2 5
  ×     3
  ─────────
    1 5     … 5×3
    6 0     … 20×3
  3 0 0     … 100×3
  ─────────
  3 7 5
```

• 일의 자리 5에 3을 곱하면 15이므로 십의 자리로 10을 올림하여 계산합니다.

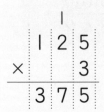

1 수 모형을 보고 □ 안에 알맞은 수를 써넣으세요.

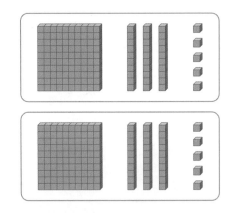

❶ 백 모형은 1×2=2(개)이므로 200을 나타냅니다.

❷ 십 모형은 □×□=□(개)이므로 □을/를 나타냅니다.

❸ 일 모형은 □×□=□(개)이므로 □을/를 나타냅니다.

❹ 135×2=□입니다.

2 보기 와 같이 계산해 보세요.

보기
```
    2 1 3
  ×     4
    1 2
    4 0
  8 0 0
  8 5 2
```

❶
```
    2 3 8
  ×     2
```
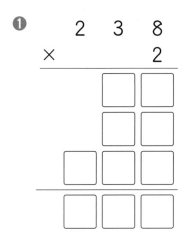

❷
```
    3 1 7
  ×     3
```
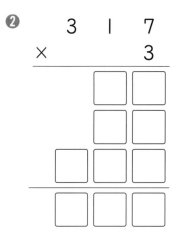

3 보기 와 같이 계산해 보세요.

보기
```
    1          1          1
  2 1 6      2 1 6      2 1 6
  ×   3  ➡  ×   3  ➡  ×   3
      8        4 8      6 4 8
```

❶
```
        □
    3 4 9
  ×     2
  □ □ □
```

❷
```
        □
    2 2 7
  ×     3
  □ □ □
```

4 ㉠, ㉡에 알맞은 수를 구해 보세요.

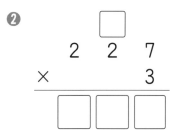

㉠ (   )

㉡ (   )

5 장난감이 한 상자에 324개씩 들어 있습니다. 3상자에 들어 있는 장난감은 모두 몇 개인지 식을 쓰고 답을 구해 보세요.

식 _____   답 _____ 개

십의 자리, 백의 자리에서 올림이 있는
(세 자리 수)×(한 자리 수)

253×3 계산하기

• 253의 각 자리 수에 3을 곱한 후 모두 더합니다.

```
    2 5 3
  ×     3
  -------
        9  … 3×3
    1 5 0  … 50×3
    6 0 0  … 200×3
  -------
    7 5 9
```

• 십의 자리 50에 3을 곱하면 150이므로 백의 자리로 100을 올림하여 계산합니다.

```
      1
    2 5 3
  ×     3
  -------
    7 5 9
```

624×2 계산하기

• 624의 각 자리 수에 2를 곱한 후 모두 더합니다.

```
    6 2 4
  ×     2
  -------
        8  … 4×2
      4 0  … 20×2
  1 2 0 0  … 600×2
  -------
  1 2 4 8
```

• 백의 자리 600에 2를 곱하면 1200이므로 천의 자리로 1000을 올림하여 계산합니다.

```
      1
    6 2 4
  ×     2
  -------
  1 2 4 8
```

1 수 모형을 보고 ☐ 안에 알맞은 수를 써넣으세요.

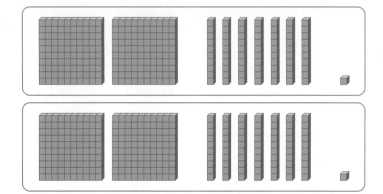

☐ × ☐ = ☐

2 각 자리 수에 2를 곱하여 모두 더하는 방법으로 294×2를 계산해 보세요.

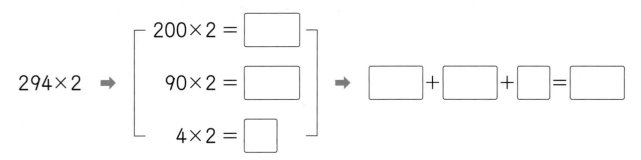

$$294 \times 2 \Rightarrow \begin{cases} 200 \times 2 = \boxed{} \\ 90 \times 2 = \boxed{} \\ 4 \times 2 = \boxed{} \end{cases} \Rightarrow \boxed{} + \boxed{} + \boxed{} = \boxed{}$$

3 □ 안에 알맞은 수를 써넣으세요.

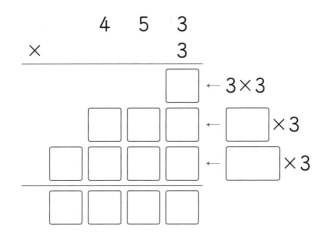

```
      4  5  3
   ×        3
   ──────────
            □   ← 3×3
      □  □  □   ← □ ×3
   □  □  □  □   ← □ ×3
   ──────────
   □  □  □  □
```

4 □ 안에 알맞은 수를 써넣으세요.

❶
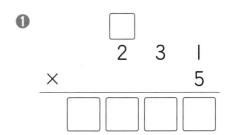

```
       □
    2  3  1
 ×        5
 ──────────
 □  □  □  □
```

❷
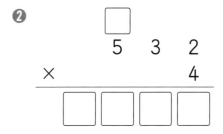

```
       □
    5  3  2
 ×        4
 ──────────
 □  □  □  □
```

5 계산 결과를 비교하여 ○ 안에 >, =, <를 알맞게 써넣으세요.

$$393 \times 3 \quad \bigcirc \quad 292 \times 4$$

6 예린이는 한 개에 450원인 아이스크림을 6개 샀습니다. 예린이가 내야 할 돈은 얼마인지 식을 쓰고 답을 구해 보세요.

식 _____   답 _____ 원

(몇십)×(몇십), (몇십몇)×(몇십)

20×30 계산하기

방법 1

20에 30의 3을 먼저 곱한 다음 10을 곱합니다.

$20 \times 30 = 20 \times 3 \times 10$
$= 60 \times 10$
$= 600$

방법 2

20과 30의 2와 3을 먼저 곱한 다음 10을 두 번 곱합니다.

$20 \times 30 = 2 \times 3 \times 10 \times 10$
$= 6 \times 100$
$= 600$

$$\begin{array}{r} 2\ 0 \\ \times\ 3\ 0 \\ \hline 6\ 0\ 0 \end{array}$$

14×20 계산하기

방법 1

14와 2를 먼저 곱한 다음 10을 곱합니다.

$14 \times 20 = 14 \times 2 \times 10$
$= 28 \times 10$
$= 280$

방법 2

14와 10을 먼저 곱한 다음 2를 곱합니다.

$14 \times 20 = 14 \times 10 \times 2$
$= 140 \times 2$
$= 280$

$$\begin{array}{r} 1\ 4 \\ \times\ 2\ 0 \\ \hline 2\ 8\ 0 \end{array}$$

1 30×50을 계산하려고 합니다. □ 안에 알맞은 수를 써넣으세요.

10배 ⎡ $\underline{3} \times 5 = 1\underline{5}$ ⎤ 10배
　　 └→ $\underline{30} \times 5 = 1\underline{50}$ ←┘

10배 ↓　　 ↓ □배

$30 \times 50 = \boxed{}$

2 □ 안에 알맞은 수를 써넣으세요.

❶ $30 \times 7 = 210 \Rightarrow 30 \times 70 = \boxed{}$

❷ $90 \times 4 = 360 \Rightarrow 90 \times 40 = \boxed{}$

3 보기와 같이 계산하려고 합니다. □ 안에 알맞은 수를 써넣으세요.

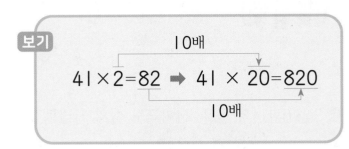

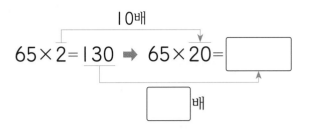

4 계산해 보세요.

❶ 16×30

❷ 54×80

5 계산 결과를 비교하여 ○ 안에 >, =, <를 알맞게 써넣으세요.

❶ 60×40 ◯ 32×80

❷ 20×50 ◯ 12×90

6 빈 곳에 알맞은 수를 써넣으세요.

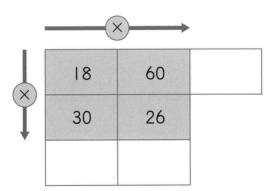

7 한 상자에 책이 25권씩 들어 있습니다. 상자 20개에 들어 있는 책은 모두 몇 권인지 식을 쓰고 답을 구해 보세요.

식 _____ 답 _____ 권

(몇)×(몇십몇)

6×24 계산하기

• 곱해지는 수 6과 곱하는 수 24의 각 자리 수를 곱한 다음 더합니다.

$$
\begin{array}{r}
6 \\
\times\ 24 \\
\hline
24 \quad \cdots 6\times4 \\
120 \quad \cdots 6\times20 \\
\hline
144
\end{array}
$$

• 6과 4의 곱은 24이므로 십의 자리로 20을 올림하여 계산합니다.

$$
\begin{array}{r}
2\ \ \ \\
6 \\
\times\ 24 \\
\hline
144
\end{array}
$$

1 모눈종이를 이용하여 8×12를 계산하려고 합니다. □ 안에 알맞은 수를 써넣으세요.

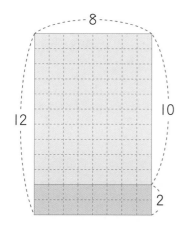

❶ 파란색 모눈의 수를 곱셈식으로 나타내고 계산해 보세요.

□×□=□

❷ 분홍색 모눈의 수를 곱셈식으로 나타내고 계산해 보세요.

□×□=□

❸ 파란색과 분홍색 모눈의 수를 더하여 8×12를 계산해 보세요.

□+□=□

2 □ 안에 알맞은 수를 써넣으세요.

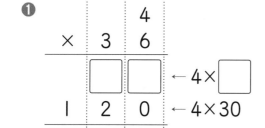

❶
$$
\begin{array}{r}
4 \\
\times\ 36 \\
\hline
\square\square \quad \leftarrow 4\times\square \\
120 \quad \leftarrow 4\times30 \\
\hline
\square\square\square
\end{array}
$$

❷
$$
\begin{array}{r}
2 \\
\times\ 57 \\
\hline
14 \quad \leftarrow 2\times7 \\
\square\square\square \quad \leftarrow 2\times\square \\
\hline
\square\square\square
\end{array}
$$

3 두 곱셈의 계산 결과를 비교하여 알맞은 말에 ○표 하세요.

| 9×16 | 16×9 |

➡ 9×16과 16×9의 계산 결과는 (같습니다 , 다릅니다).

4 □ 안에 알맞은 수를 써넣으세요.

❶
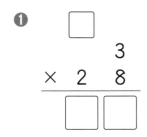
```
     □
     3
 ×  2  8
 ┌──┬──┐
 └──┴──┘
```

❷
```
        □
        7
 ×   4  8
 ┌──┬──┬──┐
 └──┴──┴──┘
```

5 계산해 보세요.

❶ 5×27

❷ 6×36

6 계산이 <u>잘못된</u> 부분을 찾아 기호를 써 보세요.

```
      4
 ×  5 8
 ─────
    3 2  ← ㉠
    2 0  ← ㉡
 ─────
    5 2
```

(   )

7 우유를 한 상자에 9병씩 32상자에 담았습니다. 상자에 담은 우유는 모두 몇 병인지 식을 쓰고 답을 구해 보세요.

식 _____   답 _____ 병

올림이 한 번 있는 (몇십몇)×(몇십몇)

36×12 계산하기

• 36과 일의 자리 2를 먼저 곱하고, 36과 십의 자리 1을 곱하여 더합니다.

$$
\begin{array}{r}
3\ 6 \\
\times\ 1\ 2 \\
\hline
\end{array}
\ \Rightarrow\
\begin{array}{r}
{}^{1}\ \ \ \\
3\ 6 \\
\times\ 1\ 2 \\
\hline
2 \\
\end{array}
\ \Rightarrow\
\begin{array}{r}
{}^{1}\ \ \ \\
3\ 6 \\
\times\ 1\ 2 \\
\hline
7\ 2 \\
\end{array}
$$

$$
\Rightarrow
\begin{array}{r}
3\ 6 \\
\times\ 1\ 2 \\
\hline
7\ 2 \\
6\ 0 \\
\end{array}
\ \Rightarrow\
\begin{array}{r}
3\ 6 \\
\times\ 1\ 2 \\
\hline
7\ 2 \\
3\ 6\ 0 \\
\end{array}
\ \Rightarrow\
\begin{array}{r}
3\ 6 \\
\times\ 1\ 2 \\
\hline
7\ 2 \quad \cdots 36\times2 \\
3\ 6\ 0 \quad \cdots 36\times10 \\
\hline
4\ 3\ 2 \\
\end{array}
$$

1 두 가지 방법으로 14×18을 계산하려고 합니다. □ 안에 알맞은 수를 써넣으세요.

방법 1

14×18=14×10+14×8

= □ + □

= □

방법 2

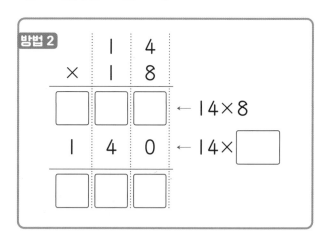

2 □ 안에 알맞은 수를 써넣으세요.

❶
```
      1 7
  ×   1 6
  □ □ □  ← 17×□
  □ □ □  ← 17×□
  □ □ □
```

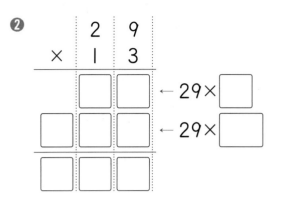

❷
```
      2 9
  ×   1 3
    □ □  ← 29×□
  □ □ □  ← 29×□
  □ □ □
```

3 계산해 보세요.

❶
```
    1 2
  × 2 7
```

❷
```
    2 3
  × 4 2
```

❸
```
    1 4
  × 2 7
```

4 계산해 보세요.

❶ 51×13

❷ 38×21

5 잘못 계산한 곳을 찾아 ○표 하고, 바르게 계산해 보세요.

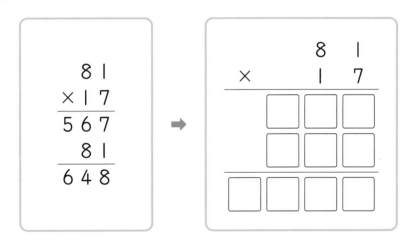

```
      8 1
  × 1 7
    5 6 7
    8 1
    6 4 8
```

→
```
        8 1
  ×     1 7
    □ □ □
    □ □ □
  □ □ □ □
```

6 우리 반 학생 25명에게 연필을 12자루씩 나누어 주려고 합니다. 연필은 모두 몇 자루가 필요한지 식을 쓰고 답을 구해 보세요.

식 _____   답 _____ 자루

올림이 여러 번 있는 (몇십몇)×(몇십몇)

25×47 계산하기

• 25와 일의 자리 7을 먼저 곱하고, 25와 십의 자리 4를 곱하여 더합니다.

$$
\begin{array}{r}
2\,5 \\
\times\ 4\,7 \\
\hline
\end{array}
\Rightarrow
\begin{array}{r}
{}^{3}\ \ \\
2\,5 \\
\times\ 4\,7 \\
\hline
1\,7\,5 \\
\end{array}
\Rightarrow
\begin{array}{r}
{}^{2}\ \ \\
2\,5 \\
\times\ 4\,7 \\
\hline
1\,7\,5 \\
1\,0\,0\,0 \\
\end{array}
\Rightarrow
\begin{array}{r}
2\,5 \\
\times\ 4\,7 \\
\hline
1\,7\,5 \quad \cdots\ 25\times7 \\
1\,0\,0\,0 \quad \cdots\ 25\times40 \\
\hline
1\,1\,7\,5 \\
\end{array}
$$

1 두 가지 방법으로 64×78을 계산하려고 합니다. □ 안에 알맞은 수를 써넣으세요.

방법 1

$$64\times78=64\times70+64\times8$$

$$=\boxed{}+\boxed{}$$

$$=\boxed{}$$

방법 2

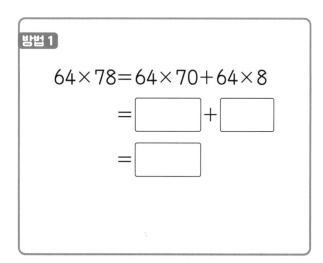

$$
\begin{array}{r}
6\ \ 4 \\
\times\ 7\ \ 8 \\
\hline
5\ \ 1\ \ 2 \quad \leftarrow 64\times8 \\
\boxed{\ }\ \boxed{\ }\ \boxed{\ }\ \boxed{\ } \quad \leftarrow 64\times70 \\
\hline
\boxed{\ }\ \boxed{\ }\ \boxed{\ }\ \boxed{\ } \\
\end{array}
$$

2 □ 안에 알맞은 수를 써넣으세요.

❶
$$
\begin{array}{r}
8\ \ 9 \\
\times\ 3\ \ 6 \\
\hline
\boxed{\ }\ \boxed{\ }\ \boxed{\ } \quad \leftarrow 89\times\boxed{\ } \\
\boxed{\ }\ \boxed{\ }\ \boxed{\ }\ \boxed{\ } \quad \leftarrow 89\times\boxed{\ } \\
\hline
\boxed{\ }\ \boxed{\ }\ \boxed{\ }\ \boxed{\ } \\
\end{array}
$$

❷
$$
\begin{array}{r}
5\ \ 6 \\
\times\ 4\ \ 8 \\
\hline
\boxed{\ }\ \boxed{\ }\ \boxed{\ } \quad \leftarrow 56\times\boxed{\ } \\
\boxed{\ }\ \boxed{\ }\ \boxed{\ }\ \boxed{\ } \quad \leftarrow 56\times\boxed{\ } \\
\hline
\boxed{\ }\ \boxed{\ }\ \boxed{\ }\ \boxed{\ } \\
\end{array}
$$

3 계산해 보세요.

❶
```
    4 7
  × 5 3
```

❷
```
    3 9
  × 4 8
```

❸
```
    6 5
  × 2 7
```

4 계산해 보세요.

❶ 86×24

❷ 45×75

5 계산한 값이 작은 것부터 순서대로 기호를 써 보세요.

> ㉠ 42×65 ㉡ 45×52
> ㉢ 24×37 ㉣ 91×39

(   )

6 지우개를 한 상자에 25개씩 85상자에 담았습니다. 상자에 담은 지우개는 모두 몇 개인지 식을 쓰고 답을 구해 보세요.

식 _____ 답 _____ 개

7 어떤 수에 38을 곱해야 할 것을 잘못하여 더했더니 72가 되었습니다. 바르게 계산한 값은 얼마인지 풀이 과정을 쓰고 답을 구해 보세요.

풀이 _____

답 _____

연습 문제

[1~10] 곱셈식을 계산해 보세요.

1
```
  1 3 4
×     2
```

2
```
  2 4 5
×     2
```

3
```
  5 7 4
×     6
```

4
```
  4 8 3
×     4
```

5
```
  6 0
× 4 0
```

6
```
  2 4
× 8 0
```

7
```
    5
× 7 9
```

8
```
  3 1
× 1 5
```

9
```
  2 5
× 2 4
```

10
```
  6 7
× 8 2
```

[11~16] 문제를 읽고, 곱셈식을 만들어 쓰고 답을 구해 보세요.

11 문방구에서 320원짜리 연필을 3자루 샀습니다. 연필의 값은 모두 얼마인지 구해 보세요.

식 _____ 답 _____ 원

12 승객을 655명씩 태운 비행기 5대가 제주도로 출발했습니다. 비행기에 탄 승객은 모두 몇 명인지 구해 보세요.

식 _____ 답 _____ 명

13 민지는 4월 한 달 동안 매일 75쪽씩 책을 읽었습니다. 민지는 책을 모두 몇 쪽 읽었는지 구해 보세요.

식 _____ 답 _____ 쪽

14 한 번에 9명이 탈 수 있는 놀이 기구를 하루에 52번 운행합니다. 하루 동안 놀이 기구에 탈 수 있는 사람은 모두 몇 명인지 구해 보세요.

식 _____ 답 _____ 명

15 기차를 매일 21회 운행합니다. 2주일 동안 기차는 모두 몇 회 운행하는지 구해 보세요.

식 _____ 답 _____ 회

16 물을 한 상자에 36병씩 98상자에 담았습니다. 물은 모두 몇 병인지 구해 보세요.

식 _____ 답 _____ 병

단원 평가

1 수 모형을 보고 곱셈식으로 나타내어 보세요.

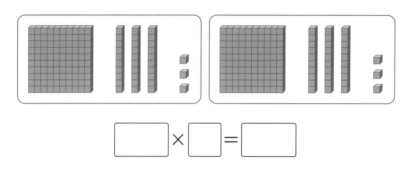

$$\boxed{} \times \boxed{} = \boxed{}$$

2 보기와 같이 계산해 보세요.

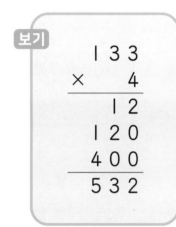

보기

```
    1 3 3
 ×     4
 ─────────
     1 2
   1 2 0
   4 0 0
 ─────────
   5 3 2
```

❶
```
    1 5 4
 ×       4
```
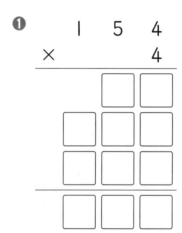

❷
```
    7 2 6
 ×       8
```
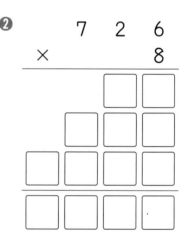

3 계산해 보세요.

❶ 50×80

❷ 49×70

4 한 변의 길이가 7 cm인 정사각형 모양의 색종이 12장을 겹치지 않게 이어 붙였습니다. 빨간 선의 길이는 몇 cm인지 구해 보세요.

(   ) cm

5 빈 곳에 알맞은 수를 써넣으세요.

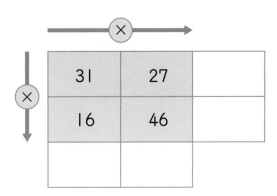

6 말레이시아의 화폐 단위는 링깃(MR)입니다. 오늘 환율이 1링깃에 295원일 때, 8링깃은 얼마인지 구해 보세요.

(   )원

7 계산 결과가 <u>다른</u> 하나를 찾아 기호를 써 보세요.

㉠ 36×24   ㉡ 18×48   ㉢ 7×105   ㉣ 9×96

(   )

8 어느 엘리베이터는 몸무게가 65 kg인 사람이 최대 21명 탈 수 있습니다. 이 엘리베이터에 한 번에 탈 수 있는 최대 무게는 몇 kg인지 구해 보세요.

(   ) kg

9 어떤 수에 20을 곱해야 할 것을 잘못하여 뺐더니 52가 되었습니다. 바르게 계산하면 얼마인지 구해 보세요.

(   )

실력 키우기

1 어느 장난감 공장에서 한 시간당 만드는 장난감의 수는 다음과 같습니다. 장난감 공장에서 로봇 은 18시간, 자동차는 36시간 동안 만들었을 때, 만든 장난감은 모두 몇 개인지 구해 보세요.

종류	로봇	자동차
한 시간당 만드는 장난감의 수(개)	51	45

(   )개

2 20개씩 들어 있는 오이 35묶음과 25개씩 들어 있는 당근 45묶음이 있습니다. 오이와 당근 중 어느 것이 몇 개 더 많은지 □ 안에 알맞게 써넣으세요.

3 □ 안에 알맞은 수를 써넣으세요.

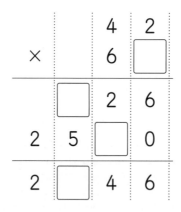

4 수 카드 4 , 6 , 9 를 한 번씩만 사용하여 곱셈식의 빈 곳에 놓으려고 합니다. 계산 결과가 가장 큰 곱셈식을 만들고, 계산 결과를 구해 보세요.

□□×7□

(   )

2. 나눗셈

- 내림이 없는 (몇십)÷(몇)

- 내림이 있는 (몇십)÷(몇)

- 나머지가 없는 (몇십몇)÷(몇)

- 나머지가 없고 내림이 있는 (몇십몇)÷(몇)

- 내림이 없고 나머지가 있는 (몇십몇)÷(몇)

- 내림이 있고 나머지가 있는 (몇십몇)÷(몇)

- 나머지가 없는 (세 자리 수)÷(한 자리 수)

- 나머지가 있는 (세 자리 수)÷(한 자리 수)

- 계산이 맞는지 확인하는 방법 알아보기

내림이 없는 (몇십)÷(몇)

60÷3 계산하기

• 6÷3을 이용하여 60÷3을 계산할 수 있습니다.

• 60은 십 모형 6개이므로 세 묶음으로 똑같이 나누어 몫을 구할 수 있습니다.

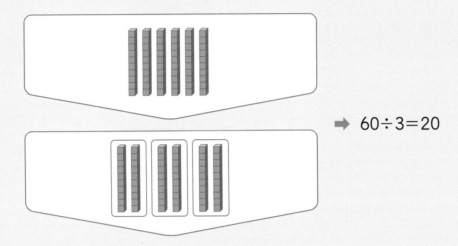

➡ 60÷3=20

1 그림을 보고 물음에 답하세요.

❶ 수 모형을 똑같이 두 묶음으로 나누어 보세요.

❷ 십 모형이 한 묶음에 몇 개씩 있는지 써 보세요.

(   )개

❸ 80÷2의 몫은 얼마인가요?

(   )

❹ □ 안에 알맞은 수를 써넣으세요.

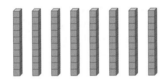

80은 십 모형 □개이므로 8÷2=□이고,

이것을 이용하여 계산하면 80÷2=□입니다.

2 수 모형을 보고 □ 안에 알맞은 수를 써넣으세요.

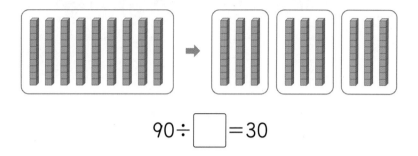

$$90 \div \boxed{} = 30$$

3 □ 안에 알맞은 수를 써넣으세요.

❶ $4 \div 2 = \boxed{}$ ➡ $40 \div 2 = \boxed{}$

❷ $5 \div 5 = \boxed{}$ ➡ $50 \div 5 = \boxed{}$

4 계산해 보세요.

❶ $60 \div 6$　　　　　　　　　　❷ $30 \div 3$

5 나눗셈의 몫이 작은 것부터 순서대로 기호를 써 보세요.

| $\bigcirc\ 80 \div 2$ | $\bigcirc\ 60 \div 2$ | $\textcircled{c}\ 70 \div 7$ | $\textcircled{e}\ 80 \div 4$ |

(　　　　　　　　　　)

6 연필 30자루를 한 명의 친구에게 3자루씩 나누어 준다면 몇 명에게 나누어 줄 수 있는지 구해 보세요.

(　　　　　　　　　)명

7 학생 60명이 버스 3대에 똑같이 나누어 타려고 합니다. 버스 한 대에 몇 명씩 탈 수 있는지 구해 보세요.

(　　　　　　　　　)명

내림이 있는 (몇십)÷(몇)

50÷2 계산하기

• 50은 십 모형 5개이므로 두 묶음으로 똑같이 나누어 몫을 구할 수 있습니다.

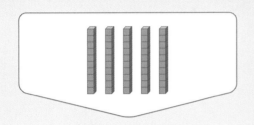

50÷2

$$2\overline{)5\ 0}$$

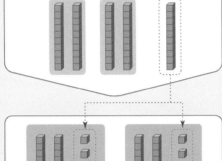

십의 자리

$$\begin{array}{r} 2 \\ 2\overline{)5\ 0} \\ 4\ 0 \quad \leftarrow 2\times20 \\ \hline 1\ 0 \end{array}$$

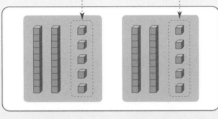

일의 자리

$$\begin{array}{r} 2\ 5 \\ 2\overline{)5\ 0} \\ 4\ 0 \\ \hline 1\ 0 \\ 1\ 0 \quad \leftarrow 2\times5 \\ \hline 0 \end{array}$$

나눗셈식을 세로로 쓰는 방법 알아보기

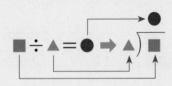

■÷▲=● ➡ ▲)‾■‾

●← 몫
▲)‾■‾ ← 나누어지는 수
└ 나누는 수

1 그림을 보고 물음에 답하세요.

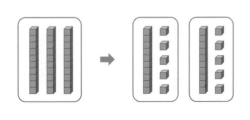

❶ 30을 몇 묶음으로 나누었는지 써 보세요.

(   )묶음

❷ 30÷2의 몫은 얼마인지 구해 보세요.

(   )

2 □ 안에 알맞은 수를 써넣어 나눗셈식을 세로로 나타내어 보세요.

$$80 \div 5 = 16 \Rightarrow$$

3 □ 안에 알맞은 수를 써넣으세요.

❶

$$2 \overline{\smash{)}\, 9\ 0}$$

$\square\ 0 \leftarrow 2 \times \square$

$\square\ 0$

$\square\ \square \leftarrow 2 \times \square$

0

❷

$$5 \overline{\smash{)}\, 6\ 0}$$

$\square\ 0 \leftarrow 5 \times \square$

$\square\ 0$

$\square\ \square \leftarrow 5 \times \square$

0

4 계산해 보세요.

❶ $70 \div 2$

❷ $90 \div 5$

5 색종이를 6장씩 묶어서 꽃 한 송이를 접으려고 합니다. 색종이가 모두 90장이 있을 때, 꽃을 몇 송이 접을 수 있는지 식을 쓰고 답을 구해 보세요.

식 _____   답 _____ 송이

6 책 70권을 책꽂이 5칸에 똑같이 나누어 꽂으려고 합니다. 한 칸에 책을 몇 권씩 꽂아야 하는지 식을 쓰고 답을 구해 보세요.

식 _____   답 _____ 권

나머지가 없는 (몇십몇)÷(몇)

24÷2 계산하기

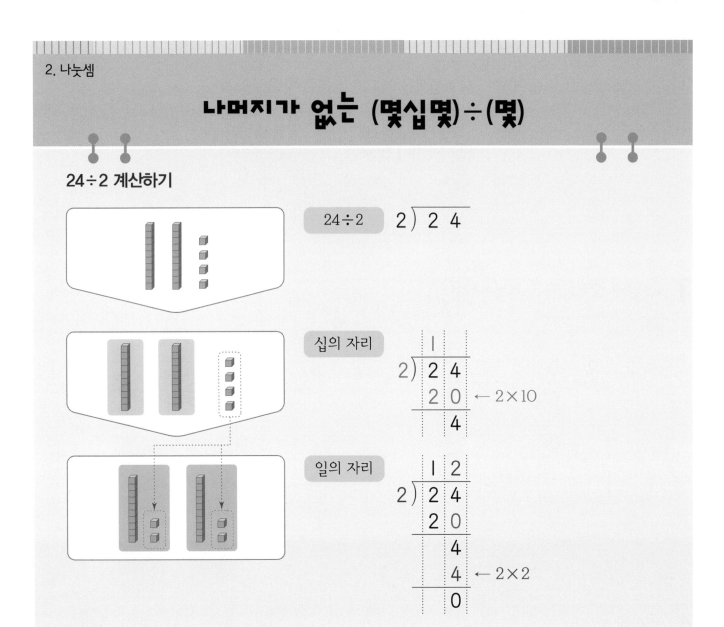

1 그림을 보고 물음에 답하세요.

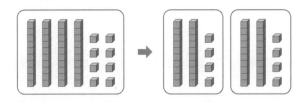

❶ 십 모형 4개를 2묶음으로 똑같이 나누면 한 묶음에 십 모형이 몇 개씩 있나요?

(   )개

❷ 일 모형 8개를 2묶음으로 똑같이 나누면 한 묶음에 일 모형이 몇 개씩 있나요?

(   )개

❸ 48÷2의 몫은 얼마인지 구해 보세요.

(   )

2 □ 안에 알맞은 수를 써넣으세요.

$$36 \div 3 = 12 \Rightarrow$$

3 계산해 보세요.

❶ $84 \div 2$

❷ $39 \div 3$

❸ $2 \overline{)66}$

❹ $4 \overline{)88}$

4 관계있는 것끼리 이어 보세요.

$55 \div 5$	•		•	21
$84 \div 4$	•		•	11
$26 \div 2$	•		•	13

5 사과 82개를 2상자에 똑같이 나누어 포장하려고 합니다. 한 상자에 들어가는 사과는 몇 개인지 식을 쓰고 답을 구해 보세요.

식 _____   답 _____ 개

6 단팥빵이 16개씩 6상자 있습니다. 단팥빵을 3개씩 묶어서 포장하면 모두 몇 묶음인지 풀이 과 정을 쓰고 답을 구해 보세요.

풀이 _____

답 _____ 묶음

나머지가 없고 내림이 있는 (몇십몇)÷(몇)

45÷3 계산하기

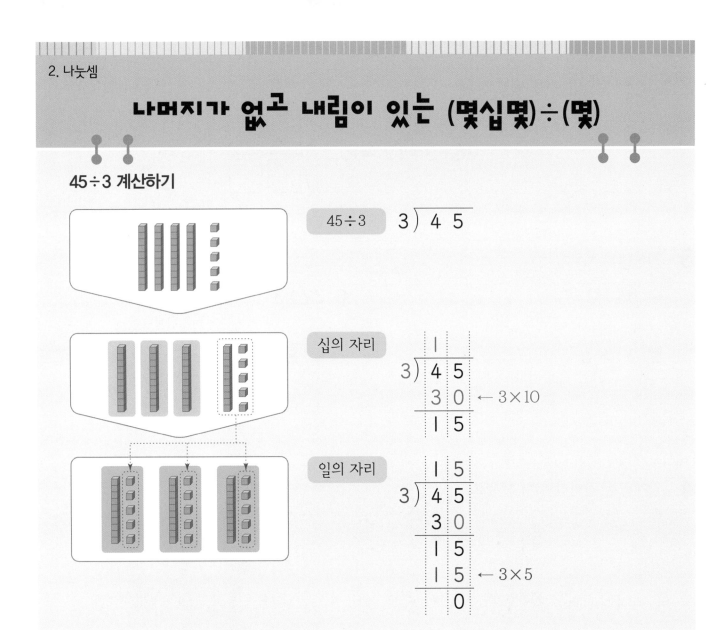

1 그림을 보고 나눗셈을 계산해 보세요.

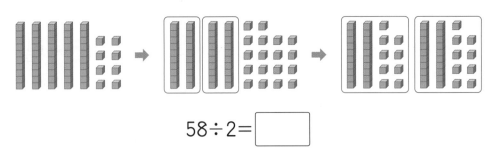

$$58÷2=\boxed{}$$

2 □ 안에 알맞은 수를 써넣으세요.

❶
```
      □□
  2 ) 7 4
      □ 0   ← 2 × □
    ─────
      □ 4
      □□    ← 2 × □
    ─────
        0
```

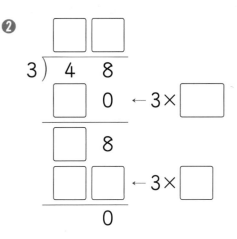

❷
```
      □□
  3 ) 4 8
      □ 0   ← 3 × □
    ─────
      □ 8
      □□    ← 3 × □
    ─────
        0
```

3 계산해 보세요.

❶ 64÷4

❷ 72÷3

❸ 6) 7 8

❹ 7) 8 4

4 혜진이와 진주 중 나눗셈을 바르게 계산한 친구는 누구인지 이름을 써 보세요.

| 혜진 | 95÷5=15 |

| 진주 | 51÷3=17 |

(   )

5 사탕 91개를 7개의 상자에 똑같이 나누어 담으려고 합니다. 한 상자에 들어가는 사탕은 몇 개인지 식을 쓰고 답을 구해 보세요.

식 _____   답 _____ 개

6 쿠키 52개를 4개씩 바구니에 넣어 포장하려고 합니다. 몇 개의 바구니가 필요한지 식을 쓰고 답을 구해 보세요.

식 _____   답 _____ 개

내림이 없고 나머지가 있는 (몇십몇)÷(몇)

25÷4 계산하기

- 25를 4로 나누면 몫은 6이고 1이 남습니다. 이때 1을 25÷4의 나머지라고 합니다.

$$25÷4=6 \cdots 1$$

- 나머지가 없으면 나머지가 0이라고 하며, 나누어떨어진다고 합니다.
- 나머지는 나누는 수보다 더 작습니다.

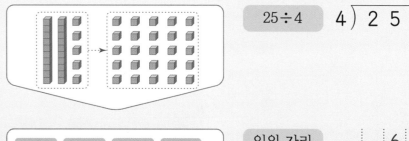

일의 자리

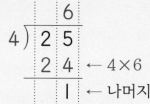

1 그림을 보고 물음에 답하세요.

❶ 34÷4의 몫은 얼마인가요?

( )

❷ 34÷4의 몫을 구하고 남은 나머지는 얼마인가요?

( )

2 나눗셈식을 보고 □ 안에 알맞은 말을 써넣으세요.

$$53 \div 8 = 6 \cdots 5$$

➡ 53을 8로 나누면 [ ]은/는 6이고 5가 남습니다. 이때 5를 53÷8의 [ ](이)라고 합니다.

3 □ 안에 알맞은 수를 써넣으세요.

❶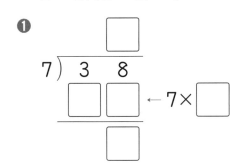

❷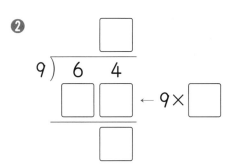

4 계산해 보세요.

❶ 42÷5

❷ 20÷3

5 나머지가 4가 될 수 <u>없는</u> 나눗셈을 찾아 기호를 써 보세요.

㉠ □0÷5   ㉡ □0÷6   ㉢ □0÷7

(   )

6 지우개 50개를 6모둠에게 똑같이 나누어 준다면 한 모둠에게 몇 개씩 줄 수 있고, 몇 개가 남는지 식을 쓰고 답을 구해 보세요.

식 _____

답 한 모둠에게 [ ]개씩 줄 수 있고, [ ]개가 남습니다.

내림이 있고 나머지가 있는 (몇십몇)÷(몇)

53÷2 계산하기

• 53을 2로 나누면 몫은 26이고 1이 남습니다. 이때 1을 53÷2의 나머지라고 합니다.

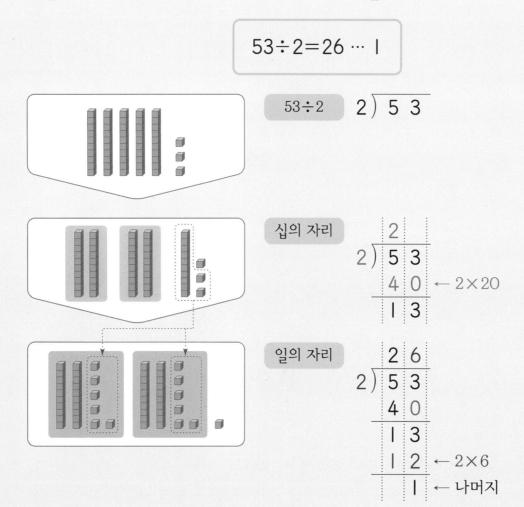

$$53÷2=26 \cdots 1$$

1 그림을 보고 나눗셈을 계산해 보세요.

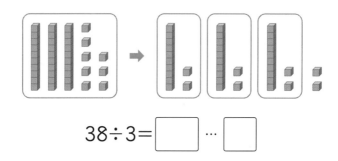

$$38÷3= \boxed{} \cdots \boxed{}$$

2 □ 안에 알맞은 수를 써넣으세요.

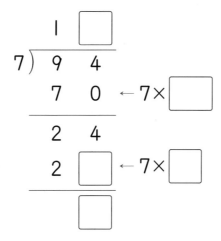

3 계산해 보세요.

❶ 63÷4   ❷ 74÷6

4 잘못 계산한 곳을 찾아 ○표 하고, 바르게 계산해 보세요.

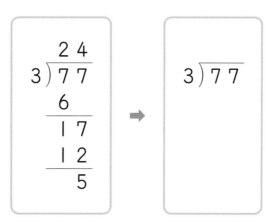

5 카드가 88장 있습니다. 5명이 똑같이 나누어 갖는다면 한 명이 카드를 몇 장씩 가질 수 있고, 몇 장이 남는지 식을 쓰고 답을 구해 보세요.

식 _____

답 한 명이 ☐ 장씩 가질 수 있고, ☐ 장이 남습니다.

나머지가 없는 (세 자리 수)÷(한 자리 수)

345÷5 계산하기

• 345의 백의 자리부터 순서대로 5로 나누어 계산합니다.

• 백의 자리에서 3을 5로 나눌 수 없으므로 십의 자리에서 34를 5로 나누면 4가 남습니다.

• 십의 자리에서 남은 4, 즉 40과 일의 자리 5를 합친 45를 5로 나누어 계산합니다.

```
                          6                    6 9
  5 ) 3 4 5   ➡   5 ) 3 4 5   ➡   5 ) 3 4 5
                       3 0                  3 0
                          4                  4 5
                                             4 5
                                               0
```

1 □ 안에 알맞은 수를 써넣으세요.

❶
```
        □ 0 0
  2 ) 6 0 0
      6
          □
```

❷
```
        4 □ 0
  2 ) 9 2 0
      8
      1 2
      □ □
          0
```

2 □ 안에 알맞은 수를 써넣으세요.

❶
```
        □ □
  7 ) 4 8 3
      □ □
        6 3
        □ □
          0
```

❷
```
        □ □
  4 ) 2 9 2
      □ □
        1 2
        □ □
          0
```

3 계산해 보세요.

❶ 900÷3

❷ 261÷9

4 몫의 크기를 비교하여 ◯ 안에 >, =, <를 알맞게 써넣으세요.

$$460÷4 \bigcirc 340÷5$$

5 빈 곳에 들어갈 숫자가 나머지와 <u>다른</u> 하나를 찾아 기호를 써 보세요.

```
        1 ㉠ ㉡
    4 ) 5 8 4
      ㉢
        1 8
        1 6
          2 ㉣
          2 4
            0
```

(   )

6 몫이 100보다 작은 식을 찾아 ◯표 하세요.

| 650÷5 | 134÷2 | 496÷4 | 513÷3 |

(   )   (   )   (   )   (   )

7 책 680권을 8권씩 묶으면 몇 묶음이 되는지 식을 쓰고 답을 구해 보세요.

식 _____   답 _____ 묶음

나머지가 있는 (세 자리 수)÷(한 자리 수)

278÷3 계산하기

- 백의 자리부터 순서대로 계산합니다.
- 백의 자리에서 2를 3으로 나눌 수 없으므로 십의 자리에서 27을 3으로 나눕니다.
- 일의 자리에서 8을 3으로 나누면 2가 남습니다.

$$
\begin{array}{r} 3\,)\overline{278} \end{array}
\quad\Rightarrow\quad
\begin{array}{r} 9 \\ 3\,)\overline{278} \\ \underline{27} \\ 0 \end{array}
\quad\Rightarrow\quad
\begin{array}{r} 92 \\ 3\,)\overline{278} \\ \underline{27} \\ 8 \\ \underline{6} \\ 2 \end{array}
$$

1 □ 안에 알맞은 수를 써넣으세요.

$$
\begin{array}{r} \boxed{} \\ 2\,)\overline{425} \\ \underline{4} \\ 0 \end{array}
\quad\Rightarrow\quad
\begin{array}{r} 2\ \boxed{} \\ 2\,)\overline{425} \\ \underline{4} \\ 2 \\ \underline{2} \\ 0 \end{array}
\quad\Rightarrow\quad
\begin{array}{r} 2\ 1\ \boxed{} \\ 2\,)\overline{425} \\ \underline{4} \\ 2 \\ \underline{2} \\ 5 \\ \underline{4} \\ 1 \end{array}
$$

몫: □ , 나머지: □

2 □ 안에 알맞은 수를 써넣으세요.

❶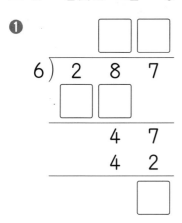

❷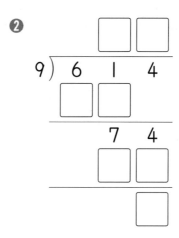

3 계산해 보세요.

❶ 406÷3

❷ 122÷8

4 나머지가 가장 작은 나눗셈을 찾아 기호를 써 보세요.

㉠ 119÷5   ㉡ 523÷7   ㉢ 802÷4   ㉣ 841÷3

(   )

5 잘못 계산한 곳을 찾아 ○표 하고, 바르게 계산해 보세요.

```
      1 5 0
   5 ) 5 2 8
       5
       2 8
       2 5
          3
```
→
```
   5 ) 5 2 8
```

계산이 맞는지 확인하는 방법 알아보기

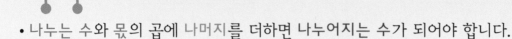

- 나누는 수와 몫의 곱에 나머지를 더하면 나누어지는 수가 되어야 합니다.

나누어지는 수 　 나누는 수 　 몫 　 나머지
$$20 \div 3 = 6 \cdots 2$$

$$3 \times 6 = 18, \ 18 + 2 = 20$$

1 15÷6을 계산하고 계산이 맞는지 확인한 식입니다. □ 안에 알맞은 수를 써넣으세요.

$$15 \div 6 = 2 \cdots 3$$

$$6 \times 2 = 12, \ 12 + 3 = 15$$

➡ 나누는 수 □ 과/와 몫인 □ 의 곱에 나머지 □ 을/를 더하면 나누어지는 수 □ 이/가 됩니다.

2 □ 안에 알맞은 수를 써넣어 계산이 맞는지 확인해 보세요.

❶ 　 34÷7=4 … 6

확인 　 7× □ =28, □ +6= □

❷ 　 49÷3=16 … 1

확인 　 3× □ =48, □ + □ = □

❸ 　 101÷9=11 … 2

확인 　 9× □ = □ , □ + □ = □

3 나눗셈을 계산하고 계산 결과가 맞는지 확인해 보세요.

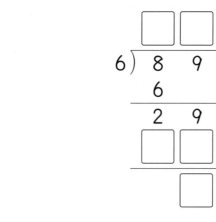

확인 $\boxed{} \times \boxed{} = 84, \ 84 + \boxed{} = \boxed{}$

4 나눗셈을 계산하고 계산 결과가 맞는지 확인한 식입니다. 계산한 나눗셈식을 써 보세요.

$$7 \times 18 = 126, \ 126 + 4 = 130$$

나눗셈식 $\boxed{} \div \boxed{} = \boxed{} \cdots \boxed{}$

5 관계있는 것끼리 이어 보세요.

$45 \div 8$ •　　　• $3 \times 21 = 63, \ 63 + 2 = 65$

$65 \div 3$ •　　　• $8 \times 5 = 40, \ 40 + 5 = 45$

$73 \div 4$ •　　　• $4 \times 18 = 72, \ 72 + 1 = 73$

6 어떤 수를 4로 나누었더니 몫이 15, 나머지가 2가 되었습니다. 어떤 수를 구해 보세요.

(　　　　　　　　)

연습 문제

[1~16] 계산해 보세요.

1 60÷6

2 40÷2

3 60÷4

4 80÷5

5 55÷5

6 93÷3

7 85÷5

8 98÷7

9 29÷4

10 90÷8

11 53÷3

12 81÷6

13 400÷2

14 512÷8

15 451÷4

16 909÷7

[17~18] 계산하고 계산 결과가 맞는지 확인해 보세요.

17 49÷5=□ ⋯ □

확인 5×□=45, 45+□=□

18 86÷6=□ ⋯ □

확인 6×□=84, 84+□=□

[19~28] 계산해 보세요.

19 3$\overline{)6\,0}$

20 2$\overline{)3\,2}$

21 6$\overline{)8\,4}$

22 9$\overline{)3\,7}$

23 5$\overline{)5\,9}$

24 8$\overline{)8\,5}$

25 6$\overline{)4\,2\,6}$

26 5$\overline{)7\,1\,5}$

27 3$\overline{)2\,7\,8}$

28 6$\overline{)8\,7\,8}$

단원 평가

1 수 모형을 보고 □ 안에 알맞은 수를 써넣으세요.

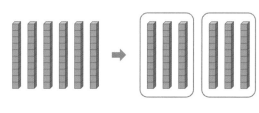

$$60 \div 2 = \boxed{}$$

2 □ 안에 알맞은 수를 써넣으세요.

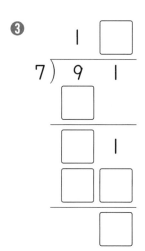

❶
$$6) \overline{ 9 0}$$

❷
$$3) \overline{ 9 6}$$

❸
$$7) \overline{ 9 1}$$

3 계산해 보세요.

❶ 29÷8   ❷ 50÷4

❸ 156÷3   ❹ 285÷7

4 나눗셈의 나머지가 작은 것부터 순서대로 기호를 써 보세요.

> ㉠ 53÷5   ㉡ 221÷6   ㉢ 341÷2   ㉣ 56÷3

(   )

5 계산 결과가 맞는지 확인하려고 합니다. □ 안에 알맞은 수를 써넣으세요.

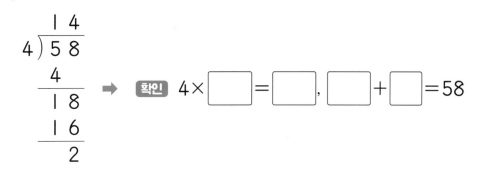

$$\begin{array}{r} 1\ 4 \\ 4\overline{)5\ 8} \\ \underline{4} \\ 1\ 8 \\ \underline{1\ 6} \\ 2 \end{array}$$

➡ 확인 $4 \times \boxed{} = \boxed{}$, $\boxed{} + \boxed{} = 58$

6 나눗셈식을 보고 잘못 설명한 친구를 찾아 이름을 써 보세요.

$$87 \div 5$$

현주: 몫은 17이야.
민후: 나머지는 7이야.
서율: 나누는 수는 5야.
지연: 나누어지는 수는 87이야.

(   )

7 귤 58개를 한 봉지에 9개씩 묶어서 포장하려고 합니다. 포장하고 남는 귤은 몇 개인지 구해 보세요.

(   )개

8 물 150 L를 8개의 병에 나누어 담으려고 합니다. 한 병에 물을 몇 L씩 넣을 수 있고, 남는 물은 몇 L인지 식을 쓰고 답을 구해 보세요.

식 _____

답 한 병에 $\boxed{}$ L씩 넣을 수 있고, $\boxed{}$ L가 남습니다.

실력 키우기

1 □ 안에 들어갈 수 있는 수를 모두 찾아 ○표 하세요.

$$60 \div 5 < \square$$

(10, 11, 12, 13, 14, 15)

2 지수네 반은 남학생이 13명, 여학생이 15명입니다. 한 모둠에 4명씩 모둠을 만든다면 몇 모둠이 되는지 구해 보세요.

(   ) 모둠

3 2부터 9까지의 자연수 중에서 56을 나누어떨어지게 하는 수를 모두 구해 보세요.

(   )

4 사탕을 8명에게 남김없이 똑같이 나누어 주려고 합니다. 현재 사탕을 164개 가지고 있다면 적어도 몇 개가 더 필요한지 구해 보세요.

(   )개

5 수 카드 5, 3, 8 을 한 번씩만 사용하여 몫이 가장 큰 (두 자리 수)÷(한 자리 수)의 나눗셈식을 만들려고 합니다. 나눗셈식을 쓰고, 몫과 나머지를 구해 보세요.

식 □□ ÷ □   몫 □   나머지 □

6 40보다 크고 50보다 작은 자연수 중 다음 조건을 모두 만족하는 수를 구해 보세요.

- 7로 나누면 나누어떨어집니다.
- 5로 나누면 나머지가 2입니다.

(   )

3. 원

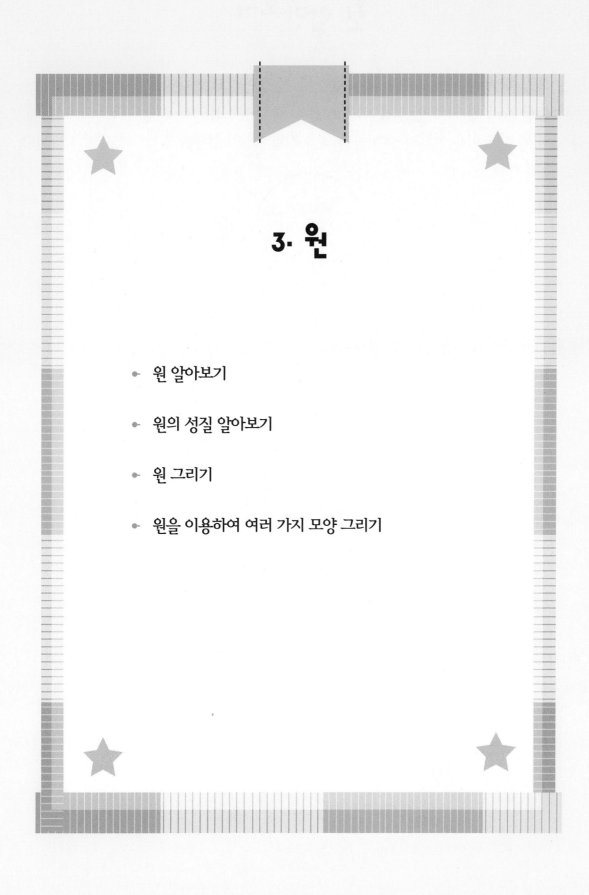

- 원 알아보기

- 원의 성질 알아보기

- 원 그리기

- 원을 이용하여 여러 가지 모양 그리기

원 알아보기

- 원을 그릴 때 누름 못이 꽂혔던 점 ㅇ을 원의 중심이라고 합니다.
- 원의 중심 ㅇ과 원 위의 한 점을 이은 선분을 원의 반지름이라고 합니다.
- 원 위의 두 점을 이은 선분이 원의 중심 ㅇ을 지날 때, 이 선분을 원의 지름이라고 합니다.

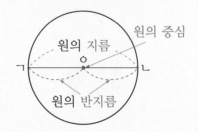

- 선분 ㅇㄱ과 선분 ㅇㄴ은 원의 반지름이고, 선분 ㄱㄴ은 원의 지름입니다.
- 한 원에서 원의 반지름은 모두 같습니다.

1 원의 중심을 찾아 기호를 써 보세요.

(   )

2 □ 안에 알맞은 말을 써넣으세요.

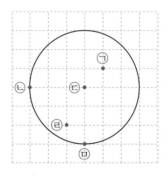
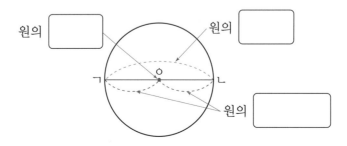

3 관계있는 것끼리 이어 보세요.

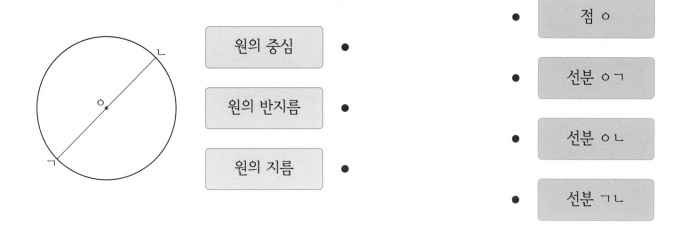

	점 ㅇ
원의 중심 ●	선분 ㅇㄱ
원의 반지름 ●	선분 ㅇㄴ
원의 지름 ●	선분 ㄱㄴ

[4~5] 그림을 보고 물음에 답하세요.

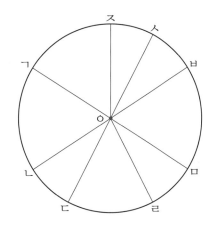

4 원의 지름을 나타내는 선분을 모두 찾아 쓰고, 길이를 재어 보세요.

지름	선분 ㄱㅁ		
길이(cm)	5		

5 원의 지름에 대한 설명으로 알맞은 것에 ◯표 하세요.

➡ 한 원에서 원의 지름은 모두 (같습니다 , 다릅니다).

원의 성질 알아보기

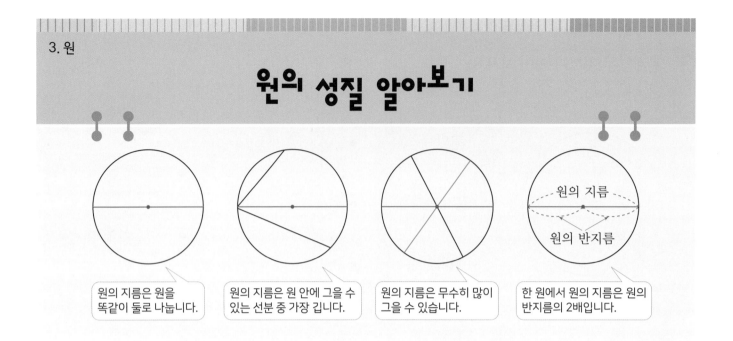

원의 지름은 원을 똑같이 둘로 나눕니다.

원의 지름은 원 안에 그을 수 있는 선분 중 가장 깁니다.

원의 지름은 무수히 많이 그을 수 있습니다.

한 원에서 원의 지름은 원의 반지름의 2배입니다.

[1~2] 그림을 보고 물음에 답하세요.

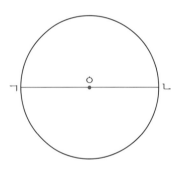

1   원의 성질로 알맞은 것을 모두 찾아 기호를 써 보세요.

> ㉠ 지름은 반지름의 3배입니다.
> ㉡ 지름은 원을 똑같이 둘로 나눕니다.
> ㉢ 원의 지름은 무수히 많이 그을 수 있습니다.
> ㉣ 지름은 원 안에 그을 수 있는 선분 중 가장 깁니다.

(   )

2   □ 안에 알맞은 말을 써넣으세요.

> 원의 중심을 지나는 선분 ㄱㄴ을 원의 □ (이)라고 합니다.

3 길이가 가장 긴 선분을 찾아 번호를 써 보세요.

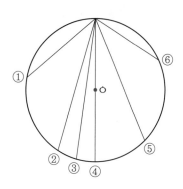

(   )

4 원의 반지름을 나타내는 선분을 모두 찾아 기호를 써 보세요.

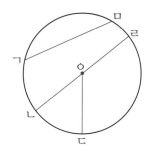

⊙ 선분 ㅇㄴ   ⓛ 선분 ㄱㅁ

ⓒ 선분 ㅇㄷ   ⓔ 선분 ㄴㄹ

(   )

5 크기가 작은 것부터 순서대로 기호를 써 보세요.

⊙ 반지름이 3 cm인 원   ⓛ 지름이 8 cm인 원

ⓒ 반지름이 10 cm인 원   ⓔ 지름이 15 cm인 원

(   )

6 직사각형 안에 반지름이 5 cm인 원 2개를 꼭 맞게 그렸습니다. 직사각형의 가로와 세로의 길이는 각각 몇 cm인가요?

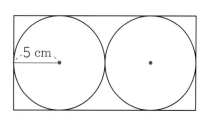

5 cm

가로 (   ) cm, 세로 (   ) cm

원 그리기

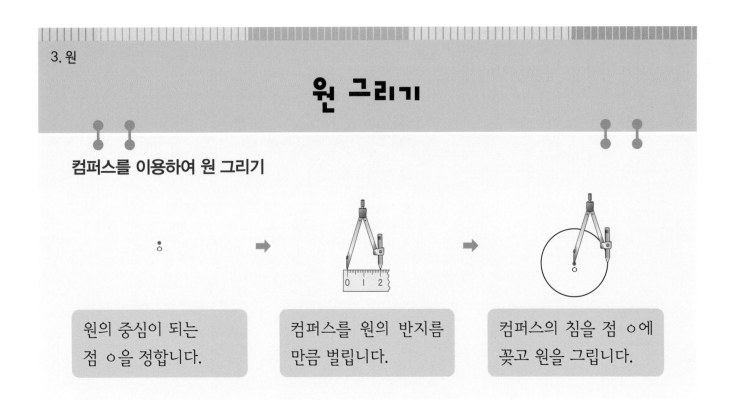

컴퍼스를 이용하여 원 그리기

원의 중심이 되는 점 ㅇ을 정합니다.

컴퍼스를 원의 반지름만큼 벌립니다.

컴퍼스의 침을 점 ㅇ에 꽂고 원을 그립니다.

1 컴퍼스를 이용하여 반지름이 3 cm인 원을 그리는 과정입니다. □ 안에 알맞게 써넣으세요.

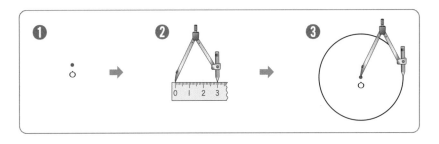

❶ 원의 ☐ 이 되는 점 ㅇ을 정합니다.

❷ 컴퍼스를 ☐ cm만큼 벌립니다.

❸ ☐ 의 침을 점 ㅇ에 꽂고 원을 그립니다.

2 컴퍼스를 이용하여 지름이 4 cm인 원을 그리려고 합니다. 컴퍼스를 바르게 벌린 것을 찾아 ○표 하세요.

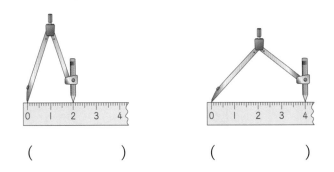

(   )   (   )

3 점 ㅇ을 원의 중심으로 하여 반지름이 3 cm인 원을 그려 보세요.

4 원의 지름이 24 cm인 원을 그리려고 합니다. 컴퍼스를 몇 cm 벌려서 원을 그려야 하는지 써 보세요.

(   ) cm

5 한 변의 길이가 20 cm인 정사각형 안에 원을 꼭 맞게 그렸습니다. 원의 반지름은 몇 cm인지 구해 보세요.

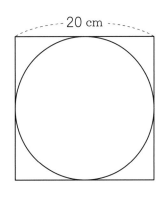

(   ) cm

원을 이용하여 여러 가지 모양 그리기

크기가 다양한 원을 이용하여 여러 가지 모양을 그릴 수 있습니다.

원의 중심이 같고
반지름이 점점 커지는
원 5개로 과녁을 그렸습니다.

1 다음 규칙에 따라 그린 모양을 찾아 기호를 써 보세요.

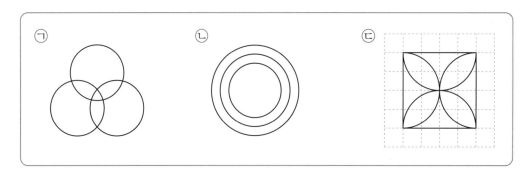

❶ 원의 중심을 옮기지 않고 원의 반지름을 다르게 하여 그린 모양

(   )

❷ 정사각형과 원을 이용하여 그린 모양

(   )

❸ 원의 반지름이 변하지 않고 원의 중심을 옮겨 가며 그린 모양

(   )

2 주어진 모양을 그리기 위하여 컴퍼스의 침을 꽂아야 할 곳은 모두 몇 군데인지 써 보세요.

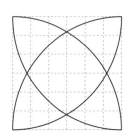

(   )군데

3 그림을 보고 원을 그린 규칙 을 설명하였습니다. □ 안에 알맞은 수를 써넣고, 규칙에 따라 원을 2개 더 그려 보세요.

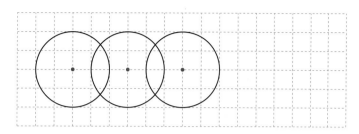

규칙

원의 크기는 변하지 않고 원의 중심이 오른쪽으로 모눈 ☐ 칸씩 이동하였습니다.

4 주어진 원과 원의 중심이 같고 반지름이 다른 원 2개를 더 그려 보세요.

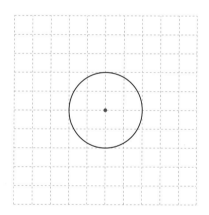

5 왼쪽과 똑같은 모양을 오른쪽에 그려 보세요.

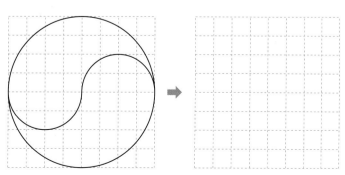

연습 문제

[1~2] 원의 중심을 찾아 써 보세요.

1

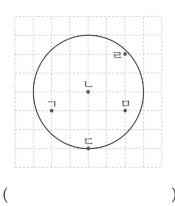

(   )

2

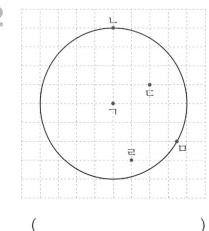

(   )

[3~4] 원의 반지름을 찾아 써 보세요.

3

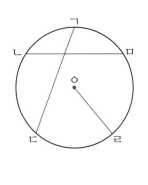

(   )

4

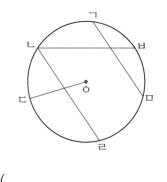

(   )

[5~6] 원의 지름을 찾아 써 보세요.

5

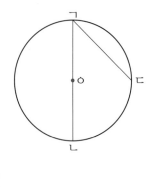

(   )

6

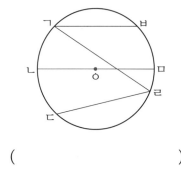

(   )

[7~8] 원의 반지름과 지름의 길이를 각각 구해 보세요.

7

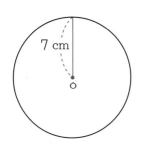

7 cm

반지름 (   ) cm

지름 (   ) cm

8

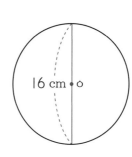

16 cm · ㅇ

반지름 (   ) cm

지름 (   ) cm

9 점 ㅇ을 중심으로 하여 반지름이 2 cm인 원을 그려 보세요.

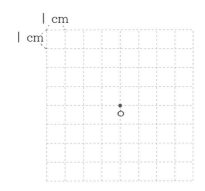

1 cm

1 cm

10 왼쪽과 똑같은 모양을 오른쪽에 그려 보세요.

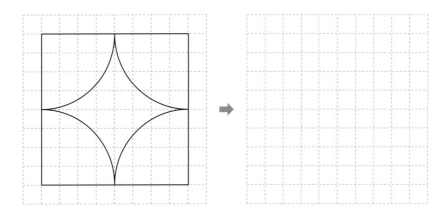

단원 평가

1 □ 안에 알맞은 말을 써넣으세요.

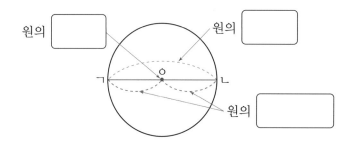

원의 〔   〕   원의 〔   〕

원의 〔   〕

2 원의 중심을 찾아 표시하고, 반지름을 1개 그어 보세요.

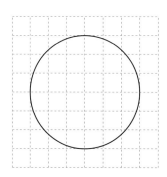

3 지름이 12 cm인 원 모양의 종이를 다음과 같이 두 번 접었다 펼쳤습니다. ㉠의 길이를 구해 보세요.

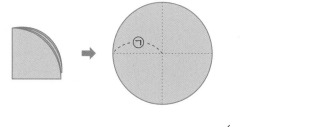

(   ) cm

4 원의 성질에 대해 바르게 설명한 것을 모두 찾아 기호를 써 보세요.

㉠ 한 원에 반지름을 셀 수 없이 많이 그을 수 있습니다.
㉡ 원의 반지름은 원 위의 두 점을 이은 선분 중 가장 깁니다.
㉢ 한 원에서 원의 지름은 원의 반지름의 2배입니다.
㉣ 지름은 원의 중심을 지납니다.

(   )

5 다음과 같이 컴퍼스를 벌려 원을 그리려고 합니다. 원의 반지름은 몇 cm인가요?

(   ) cm

6 직사각형 안에 반지름이 5 cm인 원 3개를 꼭 맞게 그렸습니다. 직사각형의 네 변의 길이의 합은 몇 cm인지 구해 보세요.

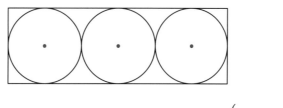

(   ) cm

7 원의 반지름이 1칸씩 줄어들고, 원이 오른쪽에 서로 맞닿도록 그리는 규칙입니다. 규칙에 따라 모눈종이에 원을 2개 더 그려 보세요.

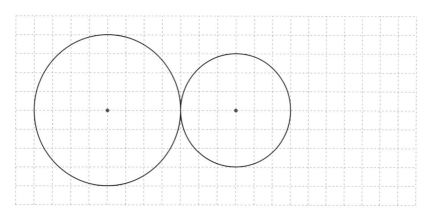

실력 키우기

1 반지름이 5 cm인 원 3개를 맞닿게 붙이고 중심을 연결하여 삼각형을 그렸습니다. 삼각형의 한 변의 길이는 몇 cm인지 구해 보세요.

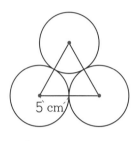

5 cm

(   ) cm

2 가장 작은 원의 반지름이 4 cm일 때, 가장 큰 원의 반지름은 몇 cm인지 구해 보세요.

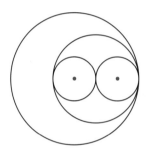

(   ) cm

3 원의 반지름은 변하지 않고 원의 중심을 옮겨 가며 그린 모양입니다. 선분 ㄱㄴ의 길이가 36 cm 일 때, 원의 지름은 몇 cm인지 구해 보세요.

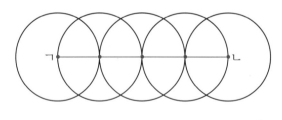

ㄱ   ㄴ

(   ) cm

4 다음 모양을 그리기 위하여 컴퍼스의 침을 꽂아야 할 곳은 모두 몇 군데인지 써 보세요.

❶ 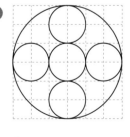   ❷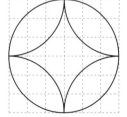

(   )군데   (   )군데

4. 분수

- 분수로 나타내기

- 전체에 대한 분수만큼은 얼마인지 구하기

- 길이에서 전체에 대한 분수만큼은 얼마인지 구하기

- 진분수와 가분수 알아보기

- 대분수 알아보기

- 대분수를 가분수로, 가분수를 대분수로 나타내기

- 분모가 같은 분수의 크기 비교하기

분수로 나타내기

- '전체'는 '분모'에, '부분'은 '분자'에 표현하므로 $\dfrac{(부분\ 묶음\ 수)}{(전체\ 묶음\ 수)}$ 와 같이 나타낼 수 있습니다.

- 색칠한 부분은 2묶음 중에서 1묶음이므로 전체의 $\dfrac{1}{2}$ 입니다.

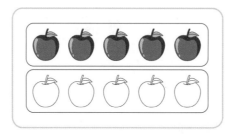

1 사과 8개를 똑같이 2부분으로 나누어 보세요.

2 구슬 12개를 똑같이 3부분으로 나누었습니다. □ 안에 알맞은 수를 써넣으세요.

부분 ⬤⬤⬤⬤ 은 전체 ⬤⬤⬤⬤⬤⬤⬤⬤⬤⬤⬤⬤ 을 똑같이 3부분으로 나눈 것 중의 □ 부분입니다.

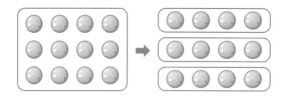

따라서 ⬤⬤⬤⬤ 은 전체의 $\dfrac{□}{□}$ 입니다.

3 □ 안에 알맞은 수를 써넣으세요.

❶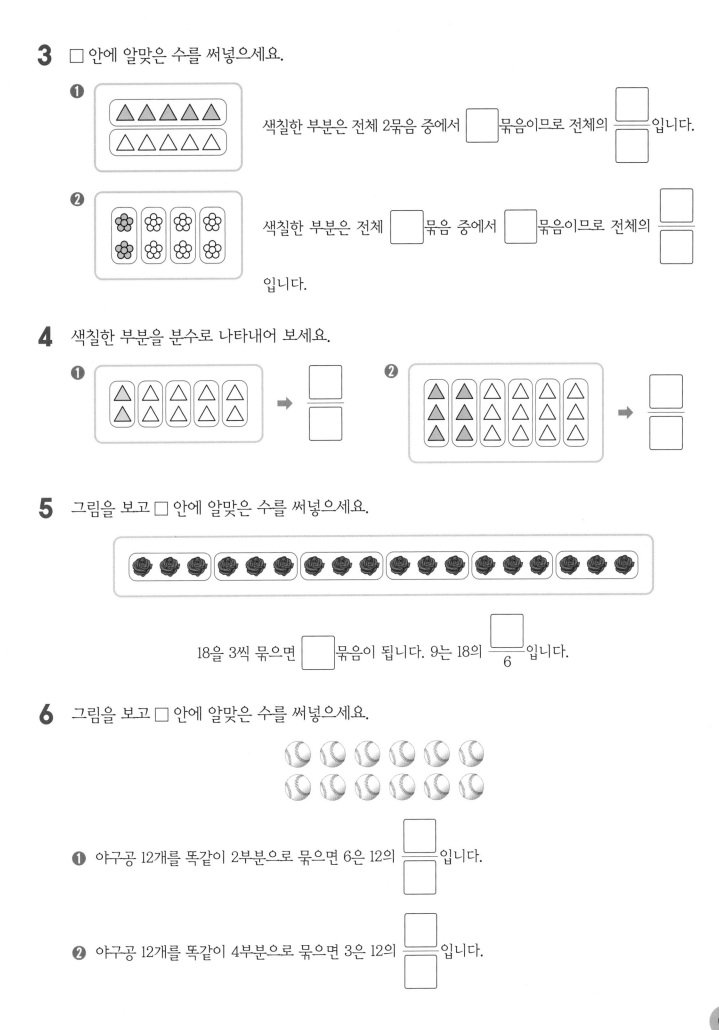

색칠한 부분은 전체 2묶음 중에서 □묶음이므로 전체의 □/□ 입니다.

❷

색칠한 부분은 전체 □묶음 중에서 □묶음이므로 전체의 □/□

입니다.

4 색칠한 부분을 분수로 나타내어 보세요.

❶ ➡ □/□   **❷** ➡ □/□

5 그림을 보고 □ 안에 알맞은 수를 써넣으세요.

18을 3씩 묶으면 □묶음이 됩니다. 9는 18의 □/6 입니다.

6 그림을 보고 □ 안에 알맞은 수를 써넣으세요.

❶ 야구공 12개를 똑같이 2부분으로 묶으면 6은 12의 □/□ 입니다.

❷ 야구공 12개를 똑같이 4부분으로 묶으면 3은 12의 □/□ 입니다.

전체에 대한 분수만큼은 얼마인지 구하기

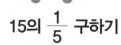 15의 $\frac{1}{5}$ 구하기

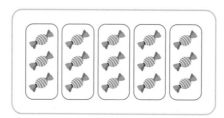

- 15를 5묶음으로 똑같이 나누면 1묶음은 전체의 $\frac{1}{5}$ 입니다.

- 1묶음은 3개이므로 15의 $\frac{1}{5}$ 은 3입니다.

- 15의 $\frac{2}{5}$ 는 5묶음으로 묶은 것 중의 2묶음이므로 6입니다.

1 당근 8개를 똑같이 2개씩 4묶음으로 나누었습니다. □ 안에 알맞은 수를 써넣으세요.

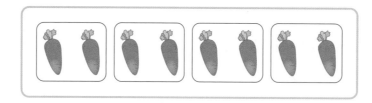

8의 $\frac{1}{4}$ 은 ☐ 이고, 8의 $\frac{2}{4}$ 는 ☐ 입니다.

2 그림을 보고 □ 안에 알맞은 수를 써넣으세요.

❶ 꽃 10송이를 5묶음으로 똑같이 묶으면 1묶음은 전체의 $\frac{\square}{\square}$ 입니다.

❷ 1묶음에는 꽃이 2송이 있으므로 10의 $\frac{1}{5}$ 은 ☐ 입니다.

❸ $\frac{3}{5}$ 은 5묶음으로 묶은 것 중 3묶음이므로 10의 $\frac{3}{5}$ 은 ☐ 입니다.

3 바둑돌 16개를 똑같이 4묶음으로 나누고, 물음에 답하세요.

❶ 바둑돌 4묶음 중 1묶음은 바둑돌 몇 개인가요?

(   )개

❷ 16의 $\dfrac{1}{4}$은 얼마인지 구해 보세요.

(   )

❸ 16의 $\dfrac{3}{4}$은 얼마인지 구해 보세요.

(   )

4 그림을 보고 □ 안에 알맞은 수를 써넣으세요.

40의 $\dfrac{1}{8}$은 □이고, 40의 $\dfrac{5}{8}$는 □입니다.

5 □ 안에 알맞은 수를 써넣고, 초록색 구슬의 수만큼 색칠해 보세요.

9의 $\dfrac{2}{3}$는 초록색 구슬입니다. 따라서 초록색 구슬은 □개입니다.

길이에서 전체에 대한 분수만큼은 얼마인지 구하기

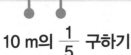

10 m의 $\frac{1}{5}$ 구하기

• 10 m를 5부분으로 똑같이 나누면 1부분의 길이는 전체의 $\frac{1}{5}$입니다.

• 1부분의 길이는 2 m이므로 10 m의 $\frac{1}{5}$은 2 m입니다.

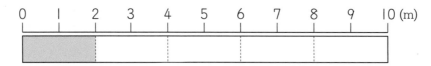

1 그림을 보고 □ 안에 알맞은 수를 써넣으세요.

❶ 8 cm의 $\frac{1}{4}$은 □ cm입니다.

❷ 8 cm의 $\frac{2}{4}$는 □ cm입니다.

2 12 cm의 $\frac{1}{4}$만큼 색칠하고 □ 안에 알맞은 수를 써넣으세요.

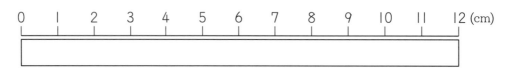

❶ 12 cm의 $\frac{1}{4}$은 □ cm입니다.

❷ 12 cm의 $\frac{2}{4}$는 □ cm입니다.

❸ 12 cm의 $\frac{3}{4}$은 □ cm입니다.

3 □ 안에 알맞은 수를 써넣으세요.

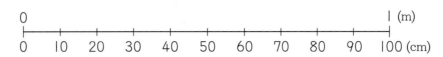

❶ 1 m의 $\dfrac{1}{2}$은 ☐ cm입니다.

❷ 1 m의 $\dfrac{3}{5}$은 ☐ cm입니다.

4 종이띠 20 cm 중 $\dfrac{1}{4}$은 내가 쓰고, 나머지 $\dfrac{3}{4}$은 친구에게 주었습니다. 내가 쓴 종이띠와 친구에게 준 종이띠는 각각 몇 cm인지 구해 보세요.

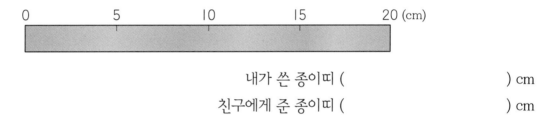

내가 쓴 종이띠 (   ) cm

친구에게 준 종이띠 (   ) cm

5 6의 $\dfrac{1}{2}$, $\dfrac{1}{6}$, $\dfrac{2}{3}$, $\dfrac{5}{6}$ 만큼 되는 곳에 알맞은 글자를 찾아 □ 안에 써넣어 문장을 완성해 보세요.

6의 $\dfrac{1}{2}$ ➡ 수   6의 $\dfrac{1}{6}$ ➡ 넌   6의 $\dfrac{2}{3}$ ➡ 있   6의 $\dfrac{5}{6}$ ➡ 어

☐   할   ☐   ☐   ☐   !

0   1   2   3   4   5   6

완성한 문장 _____

진분수와 가분수 알아보기

- $\dfrac{1}{5}$, $\dfrac{2}{5}$, $\dfrac{3}{5}$, $\dfrac{4}{5}$ 와 같이 분자가 분모보다 작은 분수를 진분수라고 합니다.

- $\dfrac{5}{5}$, $\dfrac{6}{5}$, $\dfrac{7}{5}$ 과 같이 분자가 분모와 같거나 분모보다 큰 분수를 가분수라고 합니다.

- $\dfrac{5}{5}$ 는 1과 같습니다. 1, 2, 3과 같은 수를 자연수라고 합니다.

1 그림을 보고 □ 안에 알맞은 수를 써넣으세요.

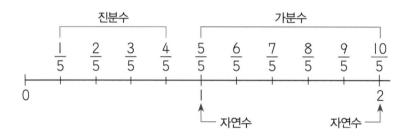

❶ $\dfrac{1}{5}$이 1개 ➡ $\dfrac{\Box}{5}$

❷ $\dfrac{1}{5}$이 4개 ➡ $\dfrac{\Box}{\Box}$

❸ $\dfrac{1}{5}$이 6개 ➡ $\dfrac{\Box}{\Box}$

2 분모가 6인 분수를 수직선에 나타내어 보세요.

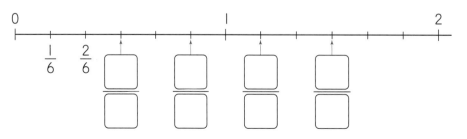

3 분수만큼 색칠하고, 알맞은 분수에 ○표 하세요.

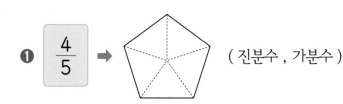

❶ $\dfrac{4}{5}$ ➡ (진분수 , 가분수)

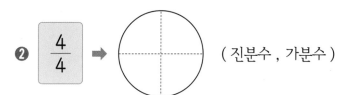

❷ $\dfrac{4}{4}$ ➡ (진분수 , 가분수)

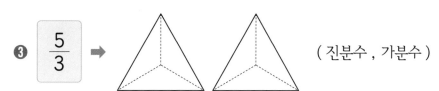

❸ $\dfrac{5}{3}$ ➡ (진분수 , 가분수)

4 분수를 보고 물음에 답하세요.

$$\dfrac{5}{5} \qquad \dfrac{1}{7} \qquad \dfrac{1}{2} \qquad \dfrac{9}{6} \qquad \dfrac{13}{2} \qquad \dfrac{2}{5} \qquad \dfrac{11}{9} \qquad \dfrac{3}{4}$$

❶ 진분수를 모두 찾아 써 보세요.

(   )

❷ 가분수를 모두 찾아 써 보세요.

(   )

❸ 가분수이면서 자연수인 수를 찾아 써 보세요.

(   )

5 조건에 맞는 분수에 ○표 하세요.

• 분모와 분자의 합은 12입니다.
• 진분수입니다.

$$\dfrac{5}{7} \qquad\qquad \dfrac{6}{6} \qquad\qquad \dfrac{8}{4}$$

(   ) (   ) (   )

대분수 알아보기

- 1과 $\frac{1}{3}$은 $1\frac{1}{3}$이라 쓰고, 1과 3분의 1이라고 읽습니다.

- $1\frac{1}{3}$과 같이 자연수와 진분수로 이루어진 분수를 대분수라고 합니다.

1 그림을 보고 □ 안에 알맞은 수나 말을 써넣으세요.

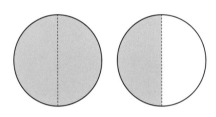

❶ 1과 $\frac{1}{2}$은 □$\frac{□}{□}$(이)라 쓰고 [   ](이)라고 읽습니다.

❷ $1\frac{1}{2}$과 같이 자연수와 진분수로 이루어진 분수를 [   ](이)라고 합니다.

2 대분수를 모두 찾아 써 보세요.

$$2\frac{5}{6} \qquad \frac{17}{5} \qquad \frac{5}{7} \qquad \frac{7}{4} \qquad 4\frac{3}{10}$$

(   )

3 그림을 보고 대분수로 나타내어 보세요.

❶

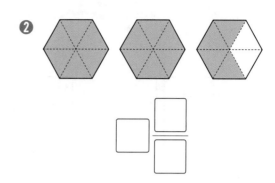

❷

4 민수가 말하는 분수를 모두 써 보세요.

> 지현 : 자연수 부분이 2이고 분모가 3인 대분수는 $2\frac{1}{3}$, $2\frac{2}{3}$야.
>
> 민수 : 자연수 부분이 3이고 분모가 4인 대분수를 모두 찾아볼 거야.

(   )

5 그림을 보고 가분수를 대분수로 나타내어 보세요.

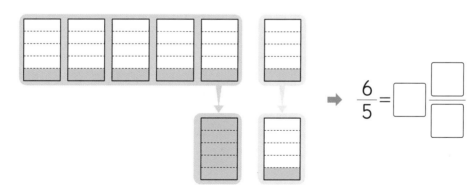

$$\frac{6}{5} = \boxed{}\frac{\boxed{}}{\boxed{}}$$

6 수 카드 3장을 한 번씩만 사용하여 만들 수 있는 대분수를 모두 써 보세요.

$\boxed{5}$ $\boxed{7}$ $\boxed{2}$

(   )

대분수를 가분수로, 가분수를 대분수로 나타내기

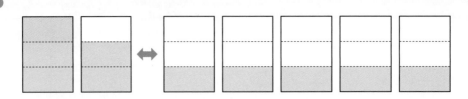

• **대분수를 가분수로 나타내기**

$$1\frac{2}{3} \Rightarrow 1과 \frac{2}{3} \Rightarrow \frac{3}{3}과 \frac{2}{3} \Rightarrow \frac{1}{3}이 5개 \Rightarrow \frac{5}{3}$$

1을 분모가 3인 가분수로 나타내기

• **가분수를 대분수로 나타내기**

$$\frac{5}{3} \Rightarrow \frac{3}{3}과 \frac{2}{3} \Rightarrow 1과 \frac{2}{3} \Rightarrow 1\frac{2}{3}$$

$\frac{3}{3}$을 자연수로 나타내기

1 그림을 보고 □ 안에 알맞은 수를 써넣으세요.

❶ 대분수를 가분수로 나타내어 보세요.

$$3\frac{1}{2} \Rightarrow 3과 \frac{1}{2} \Rightarrow \frac{\boxed{}}{2}와/과 \frac{1}{2} \Rightarrow \frac{1}{2}이 \boxed{}개 \Rightarrow \frac{\boxed{}}{2}$$

❷ 가분수를 대분수로 나타내어 보세요.

$$\frac{7}{2} \Rightarrow \frac{6}{2}과 \frac{1}{2} \Rightarrow \boxed{}와/과 \frac{1}{2} \Rightarrow \boxed{}\frac{\boxed{}}{2}$$

2 그림을 보고 대분수를 가분수로 나타내어 보세요.

❶

$1\dfrac{5}{6}$ ➡ $\dfrac{\boxed{}}{6}$ 와/과 $\dfrac{\boxed{}}{6}$ ➡ $\dfrac{\boxed{}}{6}$

❷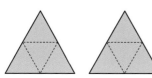

$2\dfrac{1}{4}$ ➡ $\dfrac{\boxed{}}{4}$ 와/과 $\dfrac{\boxed{}}{4}$ ➡ $\dfrac{\boxed{}}{4}$

3 그림을 보고 가분수를 대분수로 나타내어 보세요.

❶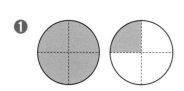

$\dfrac{5}{4}$ ➡ $\dfrac{\boxed{}}{4}$ 와/과 $\dfrac{\boxed{}}{4}$ ➡ $\boxed{}\dfrac{\boxed{}}{\boxed{}}$

❷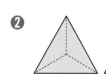

$\dfrac{8}{3}$ ➡ $\dfrac{\boxed{}}{3}$ 와/과 $\dfrac{\boxed{}}{3}$ ➡ $\boxed{}\dfrac{\boxed{}}{\boxed{}}$

4 대분수는 가분수로, 가분수는 대분수로 나타내어 보세요.

❶ $1\dfrac{1}{3} = \dfrac{\boxed{}}{\boxed{}}$

❷ $2\dfrac{1}{5} = \dfrac{\boxed{}}{\boxed{}}$

❸ $\dfrac{6}{5} = \boxed{}\dfrac{\boxed{}}{\boxed{}}$

❹ $\dfrac{15}{7} = \boxed{}\dfrac{\boxed{}}{\boxed{}}$

5 수 카드 ⑨, ②, ⑪ 중 2장을 골라 가분수를 하나 만들고, 만든 가분수를 대분수로 나타내어 보세요.

$\dfrac{\boxed{}}{\boxed{}}$ ➡ $\boxed{}\dfrac{\boxed{}}{\boxed{}}$

분모가 같은 분수의 크기 비교하기

분모가 같은 진분수, 가분수끼리의 크기 비교

• 분자의 크기가 큰 분수가 더 큽니다.

$$\frac{2}{4} < \frac{3}{4} \qquad \frac{5}{3} < \frac{8}{3}$$

분모가 같은 대분수끼리의 크기 비교

• 먼저 자연수의 크기를 비교하여 자연수가 큰 분수가 더 큽니다.
• 자연수의 크기가 같으면 분자의 크기가 큰 분수가 더 큽니다.

$$2\frac{1}{3} > 1\frac{2}{3} \qquad 1\frac{1}{5} < 1\frac{4}{5}$$

분모가 같은 가분수와 대분수의 크기 비교

• 가분수 또는 대분수로 나타내어 분수의 크기를 비교합니다.

$$2\frac{1}{2}$$과 $$\frac{7}{2}$$의 비교 ➡ $$\frac{5}{2} < \frac{7}{2}$$
대분수 → 가분수

$$2\frac{1}{2}$$과 $$\frac{7}{2}$$의 비교 ➡ $$2\frac{1}{2} < 3\frac{1}{2}$$
가분수 → 대분수

1 그림을 보고 분수의 크기를 비교하여 ○ 안에 >, =, <를 알맞게 써넣으세요.

❶ $$\frac{5}{4} \bigcirc \frac{7}{4}$$

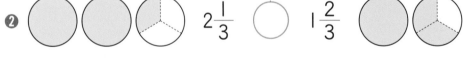

❷ $$2\frac{1}{3} \bigcirc 1\frac{2}{3}$$

❸ $$2\frac{2}{4} \bigcirc 2\frac{1}{4}$$

2 가분수를 대분수로 나타내어 분수의 크기를 비교하려고 합니다. ☐ 안에 알맞은 수나 말을 써넣고, ○ 안에 >, =, <를 알맞게 써넣으세요.

➡ $\dfrac{10}{6}$을 대분수로 나타내면 ☐$\dfrac{\square}{\square}$이므로 두 수의 크기를 비교하면

$\dfrac{10}{6}$은 $2\dfrac{1}{6}$보다 ☐.

3 분수의 크기를 비교하여 ○ 안에 >, =, <를 알맞게 써넣으세요.

❶ $\dfrac{9}{8}$ ○ $\dfrac{3}{8}$

❷ $1\dfrac{1}{5}$ ○ $2\dfrac{3}{5}$

❸ $\dfrac{8}{3}$ ○ $3\dfrac{1}{3}$

❹ $1\dfrac{1}{2}$ ○ $\dfrac{5}{2}$

4 가장 큰 분수에 ○표, 가장 작은 분수에 △표 하세요.

$$1\dfrac{7}{9} \qquad \dfrac{13}{9} \qquad \dfrac{6}{9} \qquad \dfrac{20}{9}$$

5 2보다 크고 3보다 작은 분수를 모두 찾아 ○표 하세요.

$$2\dfrac{4}{5} \qquad \dfrac{11}{5} \qquad \dfrac{6}{5} \qquad \dfrac{2}{5}$$

연습 문제

[1~5] 그림을 보고 □ 안에 알맞은 수를 써넣으세요.

1

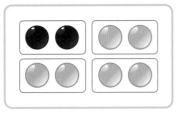

흰색 바둑돌은 전체의 $\dfrac{\square}{\square}$ 입니다.

2

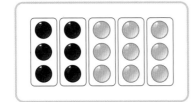

검은색 바둑돌은 전체의 $\dfrac{\square}{\square}$ 입니다.

3

15를 5씩 묶으면 5는 15의 $\dfrac{\square}{\square}$ 이고, 10은 15의 $\dfrac{\square}{\square}$ 입니다.

4

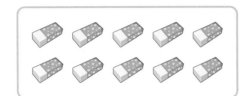

10의 $\dfrac{1}{5}$ 은 $\square$ 이고, 10의 $\dfrac{2}{5}$ 는 $\square$ 입니다.

5

16 cm의 $\dfrac{1}{4}$ 은 $\square$ cm이고, 16 cm의 $\dfrac{3}{4}$ 은 $\square$ cm입니다.

6 진분수를 모두 찾아 ○표 하세요.

$$\frac{1}{5} \qquad \frac{6}{4} \qquad \frac{5}{7} \qquad \frac{5}{2} \qquad \frac{10}{13}$$

7 가분수를 모두 찾아 ○표 하세요.

$$\frac{4}{3} \qquad \frac{8}{15} \qquad \frac{9}{9} \qquad \frac{8}{4} \qquad \frac{9}{12}$$

8 대분수를 모두 찾아 ○표 하세요.

$$6\frac{4}{5} \qquad \frac{3}{7} \qquad \frac{1}{8} \qquad 2\frac{4}{9} \qquad 1\frac{7}{11} \qquad \frac{12}{25} \qquad 1\frac{4}{8} \qquad \frac{5}{6}$$

[9~10] 대분수를 가분수로 나타내어 보세요.

9 $5\frac{1}{6} = \dfrac{\boxed{}}{\boxed{}}$

10 $3\frac{2}{5} = \dfrac{\boxed{}}{\boxed{}}$

[11~12] 가분수를 대분수로 나타내어 보세요.

11 $\dfrac{16}{7} = \boxed{}\dfrac{\boxed{}}{\boxed{}}$

12 $\dfrac{21}{4} = \boxed{}\dfrac{\boxed{}}{\boxed{}}$

[13~16] 두 분수의 크기를 비교하여 ○ 안에 >, =, <를 알맞게 써넣으세요.

13 $\dfrac{13}{5} \bigcirc \dfrac{9}{5}$

14 $5\dfrac{2}{4} \bigcirc 6\dfrac{3}{4}$

15 $\dfrac{21}{6} \bigcirc 4\dfrac{1}{6}$

16 $4\dfrac{2}{9} \bigcirc \dfrac{30}{9}$

단원 평가

1 그림을 보고 □ 안에 알맞은 수를 써넣으세요.

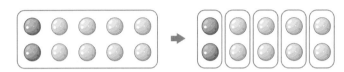

❶ 빨간 구슬은 전체 [ ] 묶음 중에서 [ ] 묶음이므로 전체의 [ ]/[ ] 입니다.

❷ 노란 구슬은 전체 [ ] 묶음 중에서 [ ] 묶음이므로 전체의 [ ]/[ ] 입니다.

2 □ 안에 알맞은 수를 써넣으세요.

6의 $\frac{1}{2}$은 [ ]이고, 6의 $\frac{2}{3}$는 [ ]입니다.

3 노란색 끈의 길이는 15 m의 $\frac{2}{3}$이고, 초록색 끈의 길이는 15 m의 $\frac{3}{5}$입니다. □ 안에 알맞은 수나 말을 써넣으세요.

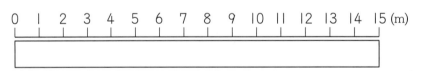

노란색 끈은 15 m의 $\frac{2}{3}$이므로 [ ] m이고, 초록색 끈은 15 m의 $\frac{3}{5}$이므로 [ ] m입니다.

따라서 [ ]색 끈이 [ ] m 더 깁니다.

4 분수를 수직선에 ●로 나타내어 보세요.

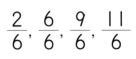

$\frac{2}{6}, \frac{6}{6}, \frac{9}{6}, \frac{11}{6}$

5 진분수에 ○표, 가분수에 △표 하세요.

$\frac{6}{2}$ $\frac{1}{4}$ $\frac{2}{8}$ $\frac{11}{3}$ $\frac{7}{7}$

(   ) (   ) (   ) (   ) (   )

6 그림이 나타내는 수를 대분수로 나타내어 보세요.

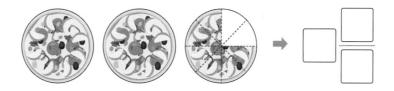

7 대분수는 가분수로, 가분수는 대분수로 나타내어 보세요.

❶ $2\frac{5}{8}$ ➡ (   )   ❷ $\frac{19}{6}$ ➡ (   )

8 3보다 크고 5보다 작은 분수를 모두 찾아 ○표 하세요.

$\frac{17}{5}$ $5\frac{1}{5}$ $\frac{22}{5}$ $2\frac{4}{5}$

9 두 분수의 크기를 비교하여 더 큰 분수를 □ 안에 써넣으세요.

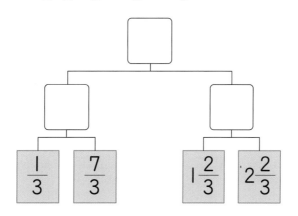

실력 키우기

1 □ 안에 알맞은 수를 써넣으세요.

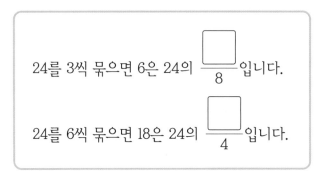

24를 3씩 묶으면 6은 24의 $\dfrac{\square}{8}$ 입니다.

24를 6씩 묶으면 18은 24의 $\dfrac{\square}{4}$ 입니다.

2 ㉠, ㉡, ㉢이 나타내는 수의 합을 구해 보세요.

㉠ 14의 $\dfrac{1}{2}$ ㉡ 49의 $\dfrac{3}{7}$ ㉢ 48의 $\dfrac{5}{6}$

(   )

3 동현이는 과자 35개 중 $\dfrac{2}{5}$ 를 먹고, 나머지는 친구에게 주었습니다. 친구에게 준 과자는 몇 개인지 구해 보세요.

(   )개

4 수 카드 5, 2, 3 을 한 번씩만 사용하여 분모가 3인 대분수를 만들고, 만든 대분수를 가분수로 나타내어 보세요.

대분수 (   ), 가분수 (   )

5 □ 안에 들어갈 수 있는 자연수를 모두 써 보세요.

$$3\dfrac{3}{7} < \dfrac{\square}{7} < \dfrac{29}{7}$$

(   )

5. 들이와 무게

- 들이 비교하기

- 들이의 단위 알아보기

- 들이를 어림하고 재어 보기

- 들이의 덧셈과 뺄셈 계산하기

- 무게 비교하기

- 무게의 단위 알아보기

- 무게를 어림하고 재어 보기

- 무게의 덧셈과 뺄셈 계산하기

들이 비교하기

들이를 비교하는 방법

• 한쪽 그릇에 물을 가득 채운 후 다른 쪽 그릇에 직접 옮겨 담아 비교합니다.

나에 물이 가득 차지 않았으므로 나의 들이가 더 많습니다.

• 물을 가득 채운 후 모양과 크기가 같은 큰 그릇에 각각 옮겨 담아 물의 양을 비교합니다.

나의 높이가 더 높으므로 나의 들이가 더 많습니다.

• 물을 가득 채운 후 크기가 같은 작은 컵에 각각 옮겨 담아 컵의 수를 세어 비교합니다.

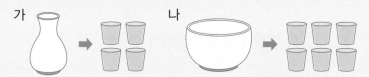

가는 4컵, 나는 6컵이므로 나의 들이가 더 많습니다.

1 주스병에 물을 가득 채운 후 물병에 옮겨 담았습니다. 주스병과 물병의 들이를 바르게 비교한 것에 ○표 하세요.

주스병

물병

옮겨 담은 물병에 물이 가득 차지 않았으므로 물병의 들이가 주스병의 들이보다 더 (많습니다 , 적습니다).

2 가, 나, 다에 물을 가득 채운 후 모양과 크기가 같은 그릇에 옮겨 담았습니다. 들이가 가장 많은 것부터 순서대로 기호를 써 보세요.

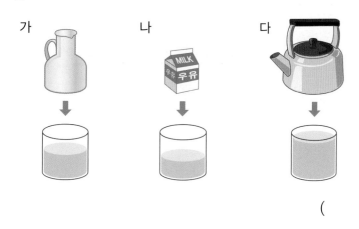

(   )

3 물통과 주전자에 물을 가득 채운 후 모양과 크기가 같은 유리컵에 옮겨 담았습니다. □ 안에 알맞게 써넣어 들이를 비교해 보세요.

물통   주전자

물통은 유리컵 [   ]개만큼 물이 들어가고, 주전자는 유리컵 [   ]개만큼 물이 들어갑니다. 따라서 물통이 주전자보다 유리컵 [   ]개만큼 물이 더 들어가므로 들이가 더 많은 것은 [   ]입니다.

4 그릇에 물을 가득 채우려면 가, 나, 다 컵으로 다음과 같이 각각 부어야 합니다. 들이가 가장 많은 컵과 가장 적은 컵은 어느 것인지 구해 보세요.

컵	가	나	다
그릇에 부은 횟수(번)	2	6	10

들이가 가장 많은 컵: [   ], 들이가 가장 적은 컵: [   ]

들이의 단위 알아보기

- 들이의 단위에는 리터와 밀리리터 등이 있습니다.
- 1 리터는 1 L, 1 밀리리터는 1 mL라고 씁니다.
- 1 리터는 1000 밀리리터와 같습니다.

$$1 \text{ L} = 1000 \text{ mL}$$

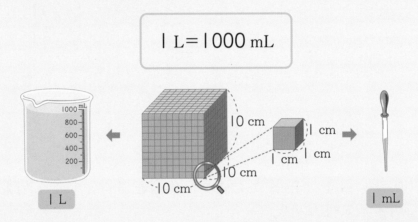

- 1 L보다 500 mL 더 많은 들이를 1 L 500 mL라 쓰고 1 리터 500 밀리리터라고 읽습니다.
- 1 L는 1000 mL와 같으므로 1 L 500 mL는 1500 mL입니다.

$$1 \text{ L } 500 \text{ mL} = 1500 \text{ mL}$$

1 주어진 들이를 쓰고 읽어 보세요.

2 L	쓰기	2 L 2 L
	읽기	

3 mL	쓰기	3 mL 3 mL
	읽기	

2 □ 안에 알맞게 써넣으세요.

- 1 L보다 200 mL 더 많은 들이를 1 □ 200 □ (이)라 쓰고,

  1 □ 200 □ (이)라고 읽습니다.

- 1 L는 1000 mL와 같으므로 1 L 200 mL는 □ mL와 같습니다.

3 물의 양이 얼마인지 눈금을 읽고 □ 안에 알맞은 수를 써넣으세요.

❶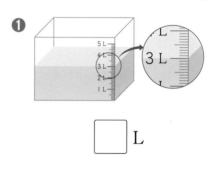

□ L

❷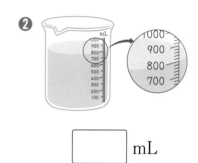

□ mL

4 □ 안에 알맞은 수를 써넣으세요.

❶ 5 L = □ mL

❷ 3000 mL = □ L

❸ 1800 mL = □ L □ mL

❹ 4 L 350 mL = □ mL

5 들이가 적은 것부터 순서대로 기호를 써 보세요.

가 2500 mL 나 750 mL 다 1 L 500 mL

(   )

들이를 어림하고 재어 보기

- 들이를 어림하여 말할 때는 약 ☐ L 또는 약 ☐ mL라고 합니다.

이 머그컵의 들이는 약 300 mL야.

1 ☐ 안에 알맞은 말을 써넣으세요.

우유갑의 들이를 어림하면 ☐ 1 L입니다.

2 ☐ 안에 L와 mL 중에서 알맞은 단위를 써넣으세요.

- 냄비의 들이는 약 3 ☐ 입니다.
- 세제 통의 들이는 약 2 ☐ 입니다.
- 음료수 캔의 들이는 약 250 ☐ 입니다.
- 화장품 통의 들이는 약 50 ☐ 입니다.

3 보기 에서 알맞은 물건을 선택하여 문장을 완성해 보세요.

보기   양동이   종이컵   욕조

❶ ☐ 의 들이는 약 300 L입니다.

❷ ☐ 의 들이는 약 3 L입니다.

❸ ☐ 의 들이는 약 120 mL입니다.

4 들이의 단위를 mL로 나타내기에 알맞은 것을 모두 찾아 기호를 써 보세요.

> ㉠ 수조의 들이 ㉡ 주사기의 들이
>
> ㉢ 요구르트병의 들이 ㉣ 물탱크의 들이

( )

5 냄비에 물을 가득 채운 후 비커에 모두 옮겨 담았습니다. 냄비의 들이는 몇 mL인지 써 보세요.

( ) mL

6 대화를 보고 잘못 말한 사람의 이름을 써 보세요.

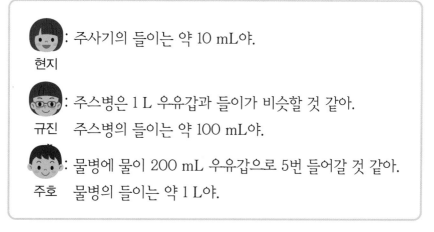

현지 : 주사기의 들이는 약 10 mL야.

규진 : 주스병은 1 L 우유갑과 들이가 비슷할 것 같아. 주스병의 들이는 약 100 mL야.

주호 : 물병에 물이 200 mL 우유갑으로 5번 들어갈 것 같아. 물병의 들이는 약 1 L야.

( )

들이의 덧셈과 뺄셈 계산하기

- 들이의 덧셈을 계산할 때 L는 L끼리 더하고, mL는 mL끼리 더합니다.

$$\begin{array}{r} 1\ \text{L}\quad 200\ \text{mL} \\ +\ 3\ \text{L}\quad 400\ \text{mL} \\ \hline 4\ \text{L}\quad 600\ \text{mL} \end{array}$$

- 들이의 뺄셈을 계산할 때 L는 L끼리 빼고, mL는 mL끼리 뺍니다.

$$\begin{array}{r} 3\ \text{L}\quad 400\ \text{mL} \\ -\ 1\ \text{L}\quad 200\ \text{mL} \\ \hline 2\ \text{L}\quad 200\ \text{mL} \end{array}$$

1 그림을 보고 들이의 덧셈을 계산해 보세요.

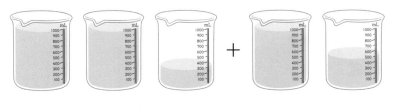

2 L 300 mL + 1 L 500 mL = ☐ L ☐ mL

2 그림을 보고 들이의 뺄셈을 계산해 보세요.

3 L 500 mL − 1 L 200 mL = ☐ L ☐ mL

3 계산해 보세요.

❶ 3000 mL + 1500 mL = ☐ mL = ☐ L ☐ mL

❷ 5500 mL − 2000 mL = ☐ mL = ☐ L ☐ mL

4 들이의 덧셈을 계산해 보세요.

❶
```
     4  L  700  mL
  +  3  L  200  mL
  [   ] L [      ] mL
```

❷
```
     2  L  500  mL
  +  6  L  900  mL
  [   ] L [      ] mL
```

5 들이의 뺄셈을 계산해 보세요.

❶
```
     6  L  200  mL
  -  5  L  100  mL
  [   ] L [      ] mL
```

❷
```
     7  L  200  mL
  -  2  L  500  mL
  [   ] L [      ] mL
```

6 여러 가지 그릇의 들이를 보고 물음에 답하세요.

그릇	가	나	다
들이	1 L 600 mL	3 L 400 mL	3800 mL

❶ 가 그릇과 나 그릇의 들이의 합은 몇 L인지 식을 쓰고 답을 구해 보세요.

식 _____   답 [   ] L

❷ 가 그릇과 나 그릇의 들이의 차는 몇 L 몇 mL인지 식을 쓰고 답을 구해 보세요.

식 _____   답 [   ] L [   ] mL

❸ 가, 나, 다 그릇의 들이의 합은 모두 몇 L 몇 mL인지 식을 쓰고 답을 구해 보세요.

식 _____   답 [   ] L [   ] mL

무게 비교하기

무게를 비교하는 방법

• 양손에 각각 물건을 들어 무게를 비교합니다.

• 윗접시저울을 사용하여 무게를 비교합니다.

➡ 가위가 풀보다 더 무겁습니다.

가위가 풀보다 얼마나 더 무거운지
정확하게 알 수는 없습니다.

• 윗접시저울과 바둑돌, 공깃돌과 같은 단위를 사용하여 무게를 비교합니다.

 10개    5개

➡ 가위가 풀보다 바둑돌 5개만큼 더 무겁습니다.

1 가장 가벼운 것에 ○표, 가장 무거운 것에 △표 하세요.

(   ) (   ) (   )

2 저울로 호박과 당근의 무게를 비교하려고 합니다. 어느 것이 더 무거운지 써 보세요.

당근   호박

(   )

3 그림을 보고 물음에 답하세요.

❶ 농구공과 야구공 중에서 어느 것이 더 무거운지 써 보세요.

(   )

❷ 야구공과 탁구공 중에서 어느 것이 더 무거운지 써 보세요.

(   )

❸ 가장 무거운 공은 무엇인지 써 보세요.

(   )

4 바둑돌을 사용하여 무게를 비교하려고 합니다. 어느 것이 더 무거운지 □ 안에 알맞게 써넣으세요.

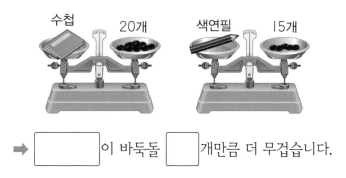

➡ ⬚ 이 바둑돌 ⬚ 개만큼 더 무겁습니다.

5 저울과 추를 사용하여 풀과 필통의 무게를 비교하려고 합니다. 풀 1개와 필통 1개 중에서 어느 것이 더 무거운지 써 보세요.

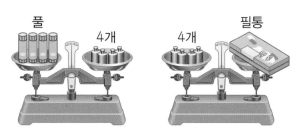

(   )

무게의 단위 알아보기

- 무게의 단위에는 킬로그램과 그램 등이 있습니다.
- 1 킬로그램은 1 kg, 1 그램은 1 g이라고 씁니다.
- 1 킬로그램은 1000 그램과 같습니다.

$$1 \text{ kg} = 1000 \text{ g}$$

- 1 kg보다 300 g 더 무거운 무게를 1 kg 300 g이라 쓰고 1 킬로그램 300 그램이라고 읽습니다.
- 1 kg은 1000 g과 같으므로 1 kg 300 g은 1300 g입니다.

$$1 \text{ kg } 300 \text{ g} = 1300 \text{ g}$$

- 1000 kg의 무게를 1 t이라 쓰고, 1 톤이라고 읽습니다.
- 1 톤은 1000 킬로그램과 같습니다.

$$1 \text{ t} = 1000 \text{ kg}$$

1 무게를 쓰고, 읽어 보세요.

❶ | 3 kg |
쓰기 3kg   3kg
읽기 _____

❷ | 1 kg 400 g |
쓰기 1 kg 400 g   1 kg 400 g
읽기 _____

❸ | 5 t |
쓰기 5t   5t
읽기 _____

2 □ 안에 알맞은 수를 써넣으세요.

❶ 2 kg보다 300 g 더 무거운 무게 ➡ □ kg □ g

❷ 500 kg보다 500 kg 더 무거운 무게 ➡ □ t

3 □ 안에 알맞은 수를 써넣으세요.

❶ 6 kg= □ g

❷ 2 kg 850 g= □ g

❸ 5000 g= □ kg

❹ 3200 g= □ kg □ g

❺ 7000 kg= □ t

❻ 8 t= □ kg

4 그림을 보고 무게를 나타내어 보세요.

❶

□ kg □ g

❷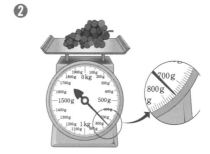

□ g

5 수 또는 단위를 잘못 나타낸 것을 찾아 기호를 쓰고, 바르게 고쳐 보세요.

┌───┐
│ ㉠ 1000 kg=1 t   ㉡ 3 t=300 kg   │
│ ㉢ 5 kg 800 g=5800 g   ㉣ 2 kg=2000 g   │
│ ㉤ 6500 kg=6 t 500 kg ㉥ 4700 g=4 kg 700 g │
└───┘

(   )

바르게 고치기 _____

무게를 어림하고 재어 보기

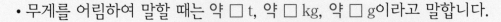

- 무게를 어림하여 말할 때는 약 □ t, 약 □ kg, 약 □ g이라고 말합니다.

이 책의 무게는 약 500 g이야.

1 □ 안에 알맞은 말을 써넣으세요.

책의 무게는 1 kg보다 조금 무거우므로

□ 1 kg이라고 어림했습니다.

2 알맞은 단위에 ○표 하세요.

❶ 하마의 몸무게는 약 2 (g , kg , t)입니다.

❷ 축구공의 무게는 약 400 (g , kg , t)입니다.

❸ 수박의 무게는 약 8 (g , kg , t)입니다.

3 보기 에서 알맞은 단어를 선택하여 문장을 완성해 보세요.

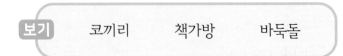

| 보기 | 코끼리 | 책가방 | 바둑돌 |

❶ [   ]의 무게는 약 5 t입니다.

❷ [   ]의 무게는 약 5 g입니다.

❸ [   ]의 무게는 약 2 kg입니다.

4 사과 한 개의 무게가 약 200 g입니다. 사과 한 봉지가 1 kg이라면 사과가 몇 개 들어 있을지 써 보세요.

(   )개

5 냉장고의 무게를 가장 가깝게 어림한 것에 ◯표 하세요.

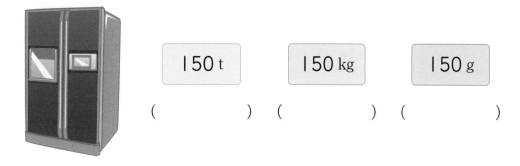

150 t   150 kg   150 g

(   )   (   )   (   )

6 무게의 단위를 t으로 나타내기에 알맞은 것을 모두 찾아 기호를 써 보세요.

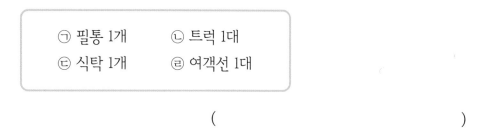

ㄱ 필통 1개   ㄴ 트럭 1대
ㄷ 식탁 1개   ㄹ 여객선 1대

(   )

7 잘못 쓰여진 단위를 바르게 고쳐 보세요.

자전거의 무게는 약 8 g이야.

바르게 고친 문장

무게의 덧셈과 뺄셈 계산하기

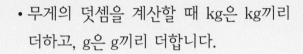

- 무게의 덧셈을 계산할 때 kg은 kg끼리 더하고, g은 g끼리 더합니다.

$$\begin{array}{r} 1 \text{ kg } 200 \text{ g} \\ + \ 3 \text{ kg } 400 \text{ g} \\ \hline 4 \text{ kg } 600 \text{ g} \end{array}$$

- 무게의 뺄셈을 계산할 때 kg은 kg끼리 빼고, g은 g끼리 뺍니다.

$$\begin{array}{r} 3 \text{ kg } 400 \text{ g} \\ - \ 1 \text{ kg } 200 \text{ g} \\ \hline 2 \text{ kg } 200 \text{ g} \end{array}$$

1 그림을 보고 무게의 덧셈을 계산해 보세요.

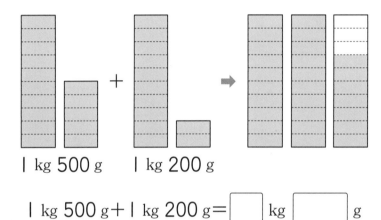

1 kg 500 g   1 kg 200 g

1 kg 500 g + 1 kg 200 g = ☐ kg ☐ g

2 귤이 담긴 바구니의 무게는 5 kg 800 g이고, 빈 바구니의 무게는 1 kg 500 g입니다. 귤의 무게는 얼마인지 구해 보세요.

5 kg 800 g − 1 kg 500 g = ☐ kg ☐ g

3 무게의 덧셈을 계산해 보세요.

❶
	kg		g
1	kg	500	g
+ 3	kg	200	g
☐	kg	☐	g

❷
	kg		g
4	kg	700	g
+ 2	kg	600	g
☐	kg	☐	g

4 무게의 뺄셈을 계산해 보세요.

❶
	kg		g
6	kg	800	g
− 2	kg	400	g
☐	kg	☐	g

❷
	kg		g
8	kg	300	g
− 6	kg	700	g
☐	kg	☐	g

5 더 무거운 것에 ◯표 하세요.

1 kg 600 g+3 kg 300 g	6 kg 300 g−2 kg
( )	( )

6 누나의 몸무게는 45 kg 700 g이고, 동생은 누나보다 11 kg 400 g만큼 더 가볍습니다. 동생의 몸무게는 몇 kg 몇 g인지 식을 쓰고 답을 구해 보세요.

식 _____ 답 ☐ kg ☐ g

7 무게가 1 kg인 가방에 무게가 900 g인 책 1권과 500 g인 물통을 1개 넣었습니다. 책과 물통을 넣은 가방의 무게는 몇 kg 몇 g인지 식을 쓰고 답을 구해 보세요.

식 _____ 답 ☐ kg ☐ g

연습 문제

[1~10] □ 안에 알맞은 수를 써넣으세요.

1 4 L = ☐ mL

2 7000 mL = ☐ L

3 5 L = ☐ mL

4 9000 mL = ☐ L

5 10 L = ☐ mL

6 15000 mL = ☐ L

7 7 L 820 mL = ☐ mL

8 5500 mL = ☐ L ☐ mL

9 3 L 750 mL = ☐ mL

10 4080 mL = ☐ L ☐ mL

[11~16] 계산해 보세요.

11
```
    1 L 300 mL
+   3 L 400 mL
─────────────
    ☐ L ☐ mL
```

12
```
    6 L 900 mL
−   3 L 400 mL
─────────────
    ☐ L ☐ mL
```

13
```
    5 L 650 mL
+   2 L 250 mL
─────────────
    ☐ L ☐ mL
```

14
```
   10 L 800 mL
−   7 L 200 mL
─────────────
    ☐ L ☐ mL
```

15
```
    4 L 500 mL
+   1 L 800 mL
─────────────
    ☐ L ☐ mL
```

16
```
    4 L 100 mL
−   2 L 900 mL
─────────────
    ☐ L ☐ mL
```

[17~26] □ 안에 알맞은 수를 써넣으세요.

17 5 kg = ☐ g

18 6000 g = ☐ kg

19 10 kg = ☐ g

20 15000 g = ☐ kg

21 15 kg = ☐ g

22 24000 g = ☐ kg

23 3 kg 400 g = ☐ g

24 2500 g = ☐ kg ☐ g

25 8 kg 20 g = ☐ g

26 14500 g = ☐ kg ☐ g

[27~32] 계산해 보세요.

27

```
     3  kg  200  g
  +  1  kg  500  g
  ──────────────────
     ☐ kg   ☐ g
```

28

```
     5  kg  900  g
  −  4  kg  600  g
  ──────────────────
     ☐ kg   ☐ g
```

29

```
    10  kg  300  g
  +  1  kg  400  g
  ──────────────────
     ☐ kg   ☐ g
```

30

```
     9  kg  700  g
  −  2  kg  100  g
  ──────────────────
     ☐ kg   ☐ g
```

31

```
    13  kg  800  g
  +  2  kg  550  g
  ──────────────────
     ☐ kg   ☐ g
```

32

```
    18  kg  200  g
  −  6  kg  600  g
  ──────────────────
     ☐ kg   ☐ g
```

단원 평가

1 그릇의 들이가 많은 것부터 순서대로 기호를 써 보세요.

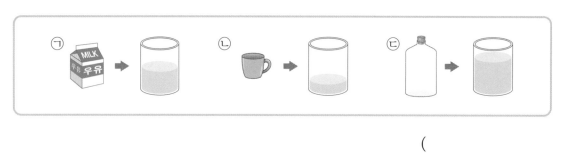

( )

2 무게가 가벼운 것부터 순서대로 써 보세요.

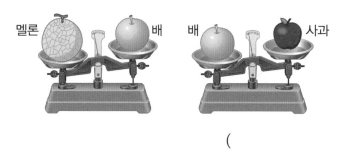

( )

3 그림을 보고 눈금을 읽어 보세요.

❶

❷

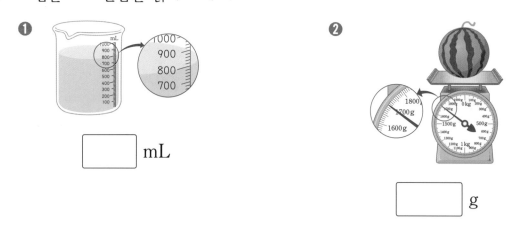

[ ] mL

[ ] g

4 □ 안에 알맞은 수를 써넣으세요.

❶ 1 L= [ ] mL

❷ 3 L 600 mL= [ ] mL

❸ 5 kg= [ ] g

❹ 7200 g= [ ] kg [ ] g

❺ 5 t= [ ] kg

❻ 4800 kg= [ ] t [ ] kg

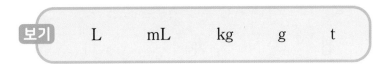

5 보기에서 알맞은 단위를 선택하여 문장을 완성해 보세요.

> 보기   L   mL   kg   g   t

❶ 주전자의는 들이는 약 2 [ ] 입니다.

❷ 책가방의 무게는 약 3 [ ] 입니다.

❸ 삼푸통의 들이는 약 500 [ ] 입니다.

6 계산 결과를 비교하여 ○ 안에 >, =, <를 알맞게 써넣으세요.

❶ 4 L 800 mL + 1 L 500 mL ◯ 8 L 500 mL − 3 L 500 mL

❷ 4 kg 400 g + 2 kg 100 g ◯ 10 kg 300 g − 3 kg 800 g

7 세진이는 우유를 어제는 1500 mL 마셨고, 오늘은 800 mL 마셨습니다. 세진이가 이틀 동안 마신 우유는 모두 몇 L 몇 mL인지 식을 쓰고 답을 구해 보세요.

식 _____   답 [ ] L [ ] mL

8 수현이가 작년에 잰 몸무게는 35 kg 500 g이었고, 올해 잰 몸무게는 39 kg 200 g입니다. 수현이의 몸무게가 몇 kg 몇 g 늘었는지 식을 쓰고 답을 구해 보세요.

작년

올해

식 _____   답 [ ] kg [ ] g

실력 키우기

1 수조에 물을 가득 채우려면 가, 나, 다 컵으로 다음과 같이 각각 부어야 합니다. 들이가 많은 컵부터 순서대로 기호를 써 보세요.

컵	가	나	다
수조에 부은 횟수(번)	8	3	5

(   )

2 들이가 4600 mL인 양동이에 3 L 700 mL만큼 물이 들어 있습니다. 물을 얼마나 더 부어야 넘치지 않고 양동이를 가득 채울 수 있는지 구해 보세요.

(   ) mL

3 코끼리의 무게는 약 5 t이고, 강아지의 무게는 약 5 kg입니다. 코끼리의 무게는 강아지의 무게의 약 몇 배인지 풀이 과정을 쓰고 답을 구해 보세요.

풀이 _____

답 _____ 배

4 저울로 배추, 호박, 감자의 무게를 비교하였더니 다음과 같았습니다. 배추 1개의 무게가 약 1 kg일 때, 감자 1개의 무게는 약 몇 g인지 어림해 보세요.

약 (   ) g

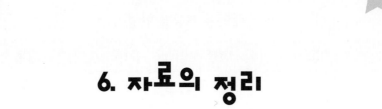

6. 자료의 정리

- 표를 보고 내용 알아보기

- 자료를 수집하여 표로 나타내기

- 그림그래프 알아보기

- 그림그래프로 나타내기

표를 보고 내용 알아보기

- 조사한 내용을 수로 나타내어 정리한 것을 표라고 합니다.
- 조사하여 나타낸 표를 보고 수가 가장 많은 항목, 수가 가장 적은 항목, 조사한 수의 합계 등을 알 수 있습니다.

태어난 계절별 학생 수

계절	봄	여름	가을	겨울	합계
학생 수(명)	24	18	12	6	60

[1~3] 희망초등학교 3학년 학생들이 좋아하는 과목을 조사하여 표로 나타내었습니다. 물음에 답하세요.

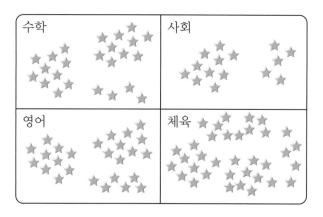

좋아하는 과목별 학생 수

과목	수학	사회	영어	체육	합계
학생 수(명)	24	15	26	35	100

1 가장 많은 학생들이 좋아하는 과목은 무엇인지 써 보세요.

(   )

2 가장 적은 학생들이 좋아하는 과목은 무엇인지 써 보세요.

(   )

3 좋아하는 학생이 가장 많은 과목부터 순서대로 써 보세요.

(   )

[4~6] 태희네 반 친구들의 혈액형을 조사하여 표로 나타내었습니다. 물음에 답하세요.

혈액형별 학생 수

혈액형	A형	B형	O형	AB형	합계
학생 수(명)	10	12	5	8	

4 조사한 학생은 모두 몇 명인지 구하여 표를 완성해 보세요.

5 A형인 학생은 O형인 학생보다 몇 명 더 많은지 구해 보세요.

( )명

6 학생 수가 많은 혈액형부터 순서대로 써 보세요.

( )

[7~9] 사랑초등학교 3학년 학생들이 먹고 싶은 급식 메뉴를 조사하여 표로 나타내었습니다. 물음에 답하세요.

먹고 싶은 급식 메뉴별 학생 수

메뉴	불고기	치킨	짜장면	떡볶이	합계
여학생 수(명)	25	30	25		100
남학생 수(명)		32	17	21	100

7 표의 빈칸에 알맞은 수를 써넣으세요.

8 짜장면을 좋아하는 학생은 모두 몇 명인지 구해 보세요.

( )명

9 가장 많은 학생들이 먹고 싶은 급식 메뉴는 무엇인지 써 보세요.

( )

자료를 수집하여 표로 나타내기

조사한 자료를 보고 표로 나타내기

• 자료를 종류별로 분류합니다.

• 종류별로 수를 세어 표로 나타냅니다.

표로 나타낼 때 유의할 점 알아보기

• 조사 항목의 수에 맞게 칸을 나눕니다.

• 조사 내용에 맞게 빈칸을 채우고 합계가 맞는지 확인합니다.

• 조사 내용에 알맞은 제목을 정합니다.

[1~2] 우리 반 학생들이 좋아하는 운동을 조사한 것입니다. 물음에 답하세요

학생들이 좋아하는 운동

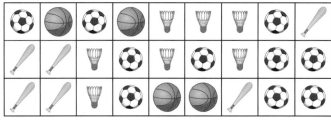

⚽ 축구 🏀 농구 ⚾ 야구 🏸 배드민턴

1 무엇을 조사한 것인지 써 보세요.

(   )

2 조사한 자료를 보고 표로 나타내어 보세요.

좋아하는 운동별 학생 수

운동	축구	농구	야구	배드민턴	합계
학생 수(명)					

[3~6] 현민이네 학교 3학년 학생들이 키우고 싶은 동물을 조사한 것입니다. 물음에 답하세요.

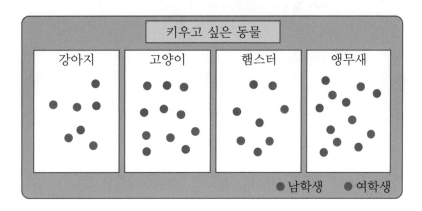

3 자료를 보고 표로 나타내어 보세요.

키우고 싶은 동물별 학생 수

동물	강아지	고양이	햄스터	앵무새	합계
남학생 수(명)					
여학생 수(명)					

4 강아지를 키우고 싶은 여학생은 강아지를 키우고 싶은 남학생보다 몇 명 더 많은지 구해 보세요.

(   )명

5 햄스터를 키우고 싶은 학생은 모두 몇 명인지 구해 보세요.

(   )명

6 학생들이 가장 키우고 싶은 동물부터 순서대로 써 보세요.

(   )

그림그래프 알아보기

- 알려고 하는 수(조사한 수)를 그림으로 나타낸 그래프를 그림그래프라고 합니다.
- 그림그래프는 조사한 수를 한눈에 쉽게 비교할 수 있습니다.

과수원별 사과 생산량

과수원	사과 생산량(kg)
빨간 과수원	🍎🍎🍎🍎🍎
주황 과수원	🍎🍎🍎🍎🍎🍎
초록 과수원	🍎🍎🍎🍎🍎🍎🍎

🍎 1000 kg
🍎 100 kg

[1~3] 사랑초등학교 3학년 학생들이 좋아하는 운동을 조사하여 그림그래프로 나타내었습니다. 물음에 답하세요.

좋아하는 운동별 학생 수

운동	학생 수
농구	☺☺☺☻
축구	☺☺☺☺☺☺☺☻☻☻
야구	☺☺☺☺☺☻☻☻☻☻
배드민턴	☺☺☺☺ ☻☻☻

☺ 10명
☻ 1명

1 그림 ☺과 ☻은 각각 몇 명을 나타내는지 써 보세요.

☺ (   )명

☻ (   )명

2 좋아하는 운동별 학생 수를 각각 써 보세요.

농구: [   ]명, 축구: [   ]명, 야구: [   ]명, 배드민턴: [   ]명

3 좋아하는 학생 수가 가장 많은 운동은 무엇인지 써 보세요.

(   )

[4~8] 희망초등학교 도서관에서 하루 동안 빌려 간 종류별 책의 수를 그림그래프로 나타내었습니다. 물음에 답하세요.

하루 동안 빌려 간 종류별 책의 수

책 종류	책의 수
동화책	
학습 만화	
위인전	
과학책	

4 그림 ▌과 ▌은 각각 몇 권을 나타내는지 써 보세요.

▌ (   )권

▌ (   )권

5 동화책은 몇 권을 빌려 갔는지 써 보세요.

(   )권

6 학습 만화를 위인전보다 몇 권 더 많이 빌려 갔는지 구해 보세요.

(   )권

7 하루 동안 가장 많이 빌려 간 책 종류부터 순서대로 써 보세요.

(   )

8 내가 도서관 관리자라면 새로운 책을 들여올 때 어떤 종류를 더 많이 들여오면 좋을지 설명해 보세요.

설명 _____

그림그래프로 나타내기

그림그래프로 나타내는 방법

① 단위를 몇 가지로 나타낼 것인지 정합니다.

② 어떤 그림으로 나타내고, 그림으로 정할 단위를 어떻게 할 것인지 생각합니다.

③ 조사한 수에 맞게 그림으로 나타냅니다.

④ 그림그래프에 알맞은 제목을 붙입니다.

[1~2] 원호네 학교 3학년 학생들이 좋아하는 계절을 조사하여 표로 나타내었습니다. 물음에 답하세요.

좋아하는 계절별 학생 수

계절	봄	여름	가을	겨울	합계
학생 수(명)	64	55	30	26	175

1 표를 보고 그림그래프로 나타내려고 합니다. 단위를 ☺과 ☺으로 나타낸다면 각각 몇 명으로 나타내는 것이 좋은지 써 보세요.

☺ (   )명

☺ (   )명

2 표를 보고 그림그래프를 완성해 보세요.

좋아하는 계절별 학생 수

계절	학생 수
봄	
여름	
가을	
겨울	

☺ (   )명

☺ (   )명

[3~5] 어느 젖소 목장에서 일주일 동안 생산한 우유의 양을 구역별로 조사하여 표로 나타내었습니다. 물음에 답하세요.

구역별 우유 생산량

구역	가	나	다	라	합계
생산량(L)	565	861	314	260	2000

3 표를 보고 그림그래프로 나타내려고 합니다. 단위를 ◎, ○, ● 3가지로 나타낸다면 각각 몇 L로 나타내는 것이 좋은지 써 보세요.

◎ (   ) L

○ (   ) L

● (   ) L

4 표를 보고 그림그래프를 완성해 보세요.

구역	생산량
가	
나	
다	
라	

◎ [   ] L

○ [   ] L

● [   ] L

5 일주일 동안 우유를 가장 많이 생산한 구역부터 순서대로 써 보세요.

(   )

연습 문제

[1~4] 현지네 학교 3학년 학생들의 취미를 조사하였습니다. 물음에 답하세요.

학생들의 취미

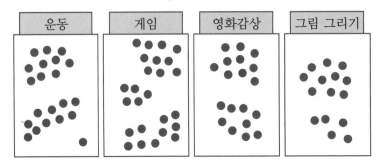

1 자료를 보고 표로 나타내어 보세요.

취미별 학생 수

취미	운동	게임	영화감상	그림 그리기	합계
학생 수(명)					80

2 가장 많은 학생들이 가진 취미는 무엇인지 써 보세요.

(   )

3 가장 적은 학생들이 가진 취미는 무엇인지 써 보세요.

(   )

4 취미가 운동인 학생의 수는 취미가 그림 그리기인 학생의 수보다 몇 명 더 많은지 구해 보세요.

(   )명

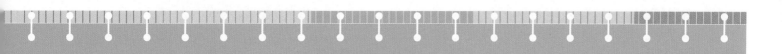

[5~9] 마을별 쌀 생산량을 조사하여 나타낸 표입니다. 물음에 답하세요.

마을별 쌀 생산량

마을	소망	기쁨	행복	꿈	합계
생산량(kg)	150		260	390	1000

5 기쁨마을의 쌀 생산량은 몇 kg인지 구해 보세요.

(   ) kg

6 쌀 생산량이 가장 많은 마을을 찾아 써 보세요.

(   )마을

7 쌀 생산량이 가장 많은 마을과 가장 적은 마을의 쌀 생산량의 차는 얼마인지 구해 보세요.

(   ) kg

8 표를 보고 그림그래프로 나타내려고 합니다. 그림을 ◎과 ○로 정할 때, 각각 몇 kg를 나타내는 것이 좋은지 써 보세요.

◎ (   ) kg, ○ (   ) kg

9 표를 보고 그림그래프로 나타내어 보세요.

마을	생산량
소망	
기쁨	
행복	
꿈	

◎ ☐ kg

○ ☐ kg

[1~2] 현이네 반 학생들이 좋아하는 간식을 조사하여 표로 나타내었습니다. 물음에 답하세요.

좋아하는 간식별 학생 수

간식	과일	빵	과자	떡	합계
남학생 수(명)	2	7	2	4	15
여학생 수(명)	2	3	5	2	12

1 가장 많은 남학생들이 좋아하는 간식과 가장 많은 여학생들이 좋아하는 간식을 순서대로 써 보세요.

(   ), (   )

2 가장 적은 학생들이 좋아하는 간식은 무엇인지 써 보세요.

(   )

[3~5] 동휘가 채소 가게에서 판매한 채소의 개수를 조사하였습니다. 물음에 답하세요.

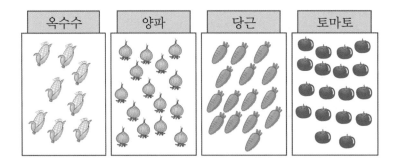

3 채소별 판매량을 표로 나타내어 보세요.

채소별 판매량

종류	옥수수	양파	당근	토마토	합계
판매량(개)					

4 가장 많이 팔린 채소는 무엇인지 써 보세요.

(   )

5 당근은 옥수수보다 몇 개 더 많이 팔렸는지 구해 보세요.

(   )개

[6~8] 어느 편의점에서 한 달 동안 판매한 음료수의 양을 조사하여 그림그래프로 나타내었습니다. 물음에 답하세요.

음료수별 판매량

음료수	판매량

6 판매량이 가장 많은 음료수부터 순서대로 써 보세요.

(   )

7 음료수별 판매량을 각각 써 보세요.

커피: ☐ 병, 주스: ☐ 병, 우유: ☐ 병, 탄산음료: ☐ 병

8 음료수 판매량을 ◎는 100병, △는 50병, ○는 10병으로 하여 그림그래프로 나타내어 보세요.

음료수	판매량

◎ 100병
△ 50병
○ 10병

실력 키우기

[1~2] 별빛초등학교 3학년 학생들이 좋아하는 운동을 조사하여 표로 나타내었습니다. 물음에 답하세요.

좋아하는 운동별 학생 수

운동	축구	야구	농구	합계
학생 수(명)	88	37	35	160

1 조사한 내용을 남학생과 여학생으로 나누어 표로 만들었습니다. 표를 완성해 보세요.

좋아하는 운동별 학생 수

운동	축구	야구	농구	합계
남학생 수(명)		13	18	
여학생 수(명)	47			88

2 좋아하는 여학생 수보다 남학생 수가 더 많은 운동은 무엇인지 써 보세요.

(   )

3 영진이네 마을의 농장에서 수확한 사과의 양을 조사하여 표와 그래프로 나타내었습니다. 표와 그림그래프를 완성해 보세요.

농장별 사과 수확량

농장	가	나	다	라	합계
수확량(kg)		45		72	

농장	수확량
가	○○○○△△
나	
다	○○○○○△△△△
라	

○ 10 kg
△ 1 kg

정답과 풀이

제제
수학

느린 학습자도
제때 제대로!

3-2

서사원주니어

1. 곱셈

올림이 없는 (세 자리 수)×(한 자리 수)

123×2 계산하기

• 123의 각 자리의 수를 2와 곱한 후 모두 더하면 246입니다.
• 123의 각 자리의 수를 2와 곱하여 그 자리에 쓰면 246입니다.

1 수 모형을 보고 □ 안에 알맞은 수를 써넣으세요.

❶ 백 모형은 4×2=8(개)이므로 800을 나타냅니다.

❷ 십 모형은 $\boxed{1}$ × $\boxed{2}$ = $\boxed{2}$ (개)이므로 $\boxed{20}$ 을/를 나타냅니다.

❸ 일 모형은 $\boxed{2}$ × $\boxed{2}$ = $\boxed{4}$ (개)이므로 $\boxed{4}$ 을/를 나타냅니다.

❹ 412×2= $\boxed{824}$ 입니다.

2 덧셈을 곱셈식으로 나타내어 계산해 보세요.

211+211+211+211

$\boxed{211}$ × $\boxed{4}$ = $\boxed{844}$

3 보기 와 같이 계산해 보세요.

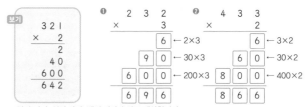

▶ 일의 자리, 십의 자리, 백의 자리 순서로 계산합니다.

4 계산해 보세요.

5 계산 결과를 비교하여 ○ 안에 >, =, <를 알맞게 써넣으세요.

221×3 (>) 312×2

▶ 221×3=663, 312×2=624

6 계산 결과가 큰 것부터 순서대로 기호를 써 보세요.

㉠ 241×2 ㉡ 412×2 ㉢ 103×3

(㉡, ㉠, ㉢)

▶ ㉠ 482 ㉡ 824 ㉢ 309

7 사과를 한 상자에 133개씩 담았습니다. 3상자에 담은 사과는 모두 몇 개인지 식을 쓰고 답을 구해 보세요.

식 133×3=399 답 399 개

1. 곱셈

일의 자리에서 올림이 있는 (세 자리 수)×(한 자리 수)

125×3 계산하기

• 125의 각 자리 수에 3을 곱한 후 모두 더합니다.

• 일의 자리 5에 3을 곱하면 15이므로 십의 자리로 10을 올림하여 계산합니다.

1 수 모형을 보고 □ 안에 알맞은 수를 써넣으세요.

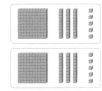

❶ 백 모형은 1×2=2(개)이므로 200을 나타냅니다.

❷ 십 모형은 $\boxed{3}$ × $\boxed{2}$ = $\boxed{6}$ (개)이므로 $\boxed{60}$ 을/를 나타냅니다.

❸ 일 모형은 $\boxed{5}$ × $\boxed{2}$ = $\boxed{10}$ (개)이므로 $\boxed{10}$ 을/를 나타냅니다.

❹ 135×2= $\boxed{270}$ 입니다.

2 보기 와 같이 계산해 보세요.

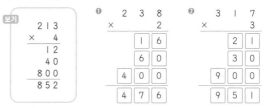

3 보기 와 같이 계산해 보세요.

4 ㉠, ㉡에 알맞은 수를 구해 보세요.

115 → ×3 → ㉠ → ×2 → ㉡

㉠ (345)
㉡ (690)

▶ ㉠ 115×3=345 ㉡ 345×2=690

5 장난감이 한 상자에 324개씩 들어 있습니다. 3상자에 들어 있는 장난감은 모두 몇 개인지 식을 쓰고 답을 구해 보세요.

식 324×3=972 답 972 개

1. 곱셈

십의 자리, 백의 자리에서 올림이 있는 (세 자리 수)×(한 자리 수)

253×3 계산하기

• 253의 각 자리 수에 3을 곱한 후 모두 더합니다.

```
    2 5 3
  ×     3
        9  ··· 3×3
  1 5 0    ··· 50×3
  6 0 0    ··· 200×3
  7 5 9
```

• 십의 자리 50에 3을 곱하면 150이므로 백의 자리로 100을 올림하여 계산합니다.

```
      1
    2 5 3
  ×     3
    7 5 9
```

624×2 계산하기

• 624의 각 자리 수에 2를 곱한 후 모두 더합니다.

```
    6 2 4
  ×     2
        8  ··· 4×2
    4 0    ··· 20×2
1 2 0 0    ··· 600×2
1 2 4 8
```

• 백의 자리 600에 2를 곱하면 1200이므로 천의 자리로 1000을 올림하여 계산합니다.

```
    1
    6 2 4
  ×     2
1 2 4 8
```

1 수 모형을 보고 □ 안에 알맞은 수를 써넣으세요.

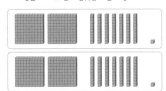

$271 \times 2 = 542$

2 각 자리 수에 2를 곱하여 모두 더하는 방법으로 294×2를 계산해 보세요.

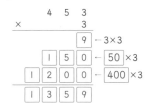

$294 \times 2 \Rightarrow \begin{cases} 200 \times 2 = \boxed{400} \\ 90 \times 2 = \boxed{180} \\ 4 \times 2 = \boxed{8} \end{cases} \Rightarrow \boxed{400} + \boxed{180} + \boxed{8} = \boxed{588}$

3 □ 안에 알맞은 수를 써넣으세요.

```
      4 5 3
  ×       3
        9    ← 3×3
    1 5 0    ← 50×3
  1 2 0 0    ← 400×3
  1 3 5 9
```

4 □ 안에 알맞은 수를 써넣으세요.

❶
```
      1
    2 3 1
  ×     5
  1 1 5 5
```

❷
```
      1
    5 3 2
  ×     4
  2 1 2 8
```

5 계산 결과를 비교하여 ○ 안에 >, =, <를 알맞게 써넣으세요.

$393 \times 3 \;\bigcirc\!\!>\!\! \; 292 \times 4$

▶ 393×3=1179, 292×4=1168

6 예린이는 한 개에 450원인 아이스크림을 6개 샀습니다. 예린이가 내야 할 돈은 얼마인지 식을 쓰고 답을 구해 보세요.

식 ___ $450 \times 6 = 2700$ ___ 답 ___ 2700 ___ 원

1. 곱셈

(몇십)×(몇십), (몇십몇)×(몇십)

20×30 계산하기

방법 1
20에 30의 3을 먼저 곱한 다음 10을 곱합니다.
$20 \times 30 = 20 \times 3 \times 10$
$= 60 \times 10$
$= 600$

방법 2
20과 30의 2와 3을 먼저 곱한 다음 10을 두 번 곱합니다.
$20 \times 30 = 2 \times 3 \times 10 \times 10$
$= 6 \times 100$
$= 600$

```
    2 0
  × 3 0
  6 0 0
```

14×20 계산하기

방법 1
14와 2를 먼저 곱한 다음 10을 곱합니다.
$14 \times 20 = 14 \times 2 \times 10$
$= 28 \times 10$
$= 280$

방법 2
14와 10을 먼저 곱한 다음 2를 곱합니다.
$14 \times 20 = 14 \times 10 \times 2$
$= 140 \times 2$
$= 280$

```
    1 4
  × 2 0
  2 8 0
```

1 30×50을 계산하려고 합니다. □ 안에 알맞은 수를 써넣으세요.

$$\begin{array}{c} 3 \times 5 = 15 \\ \underset{10배}{\downarrow} \quad 30 \times 5 = 150 \quad \underset{10배}{\uparrow} \\ \underset{10배}{\downarrow} \qquad \boxed{10} 배 \\ 30 \times 50 = \boxed{1500} \end{array}$$

2 □ 안에 알맞은 수를 써넣으세요.

❶ $30 \times 7 = 210 \Rightarrow 30 \times 70 = \boxed{2100}$

❷ $90 \times 4 = 360 \Rightarrow 90 \times 40 = \boxed{3600}$

3 보기 와 같이 계산하려고 합니다. □ 안에 알맞은 수를 써넣으세요.

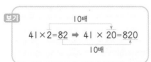

보기
$41 \times 2 = 82 \Rightarrow 41 \times 20 = \boxed{820}$ (10배)

$65 \times 2 = 130 \Rightarrow 65 \times 20 = \boxed{1300}$ (10배, $\boxed{10}$ 배)

4 계산해 보세요.

❶ $16 \times 30 = 480$ ❷ $54 \times 80 = 4320$

5 계산 결과를 비교하여 ○ 안에 >, =, <를 알맞게 써넣으세요.

❶ $60 \times 40 \;\bigcirc\!\!<\!\! \; 32 \times 80$ ❷ $20 \times 50 \;\bigcirc\!\!<\!\! \; 12 \times 90$

▶ ❶ 60×40=2400, 32×80=2560
❷ 20×50=1000, 12×90=1080

6 빈 곳에 알맞은 수를 써넣으세요.

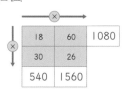

	×	
18	60	1080
30	26	
540	1560	

7 한 상자에 책이 25권씩 들어 있습니다. 상자 20개에 들어 있는 책은 모두 몇 권인지 식을 쓰고 답을 구해 보세요.

식 ___ $25 \times 20 = 500$ ___ 답 ___ 500 ___ 권

1. 곱셈

(몇)×(몇십몇)

6×24 계산하기

• 곱해지는 수 6과 곱하는 수 24의 각 자리 수를 곱한 다음 더합니다.

```
      6
×   2 4
    2 4  … 6×4
1 2 0    … 6×20
1 4 4
```

• 6과 4의 곱은 24이므로 십의 자리로 20을 올림하여 계산합니다.

```
    2
      6
×   2 4
1 4 4
```

1 모눈종이를 이용하여 8×12를 계산하려고 합니다. □ 안에 알맞은 수를 써넣으세요.

❶ 파란색 모눈의 수를 곱셈식으로 나타내고 계산해 보세요.
$$8 × 10 = 80$$

❷ 분홍색 모눈의 수를 곱셈식으로 나타내고 계산해 보세요.
$$8 × 2 = 16$$

❸ 파란색과 분홍색 모눈의 수를 더하여 8×12를 계산해 보세요.
$$80 + 16 = 96$$

2 □ 안에 알맞은 수를 써넣으세요.

❶
```
      4
×   3 6
  2 4   ← 4×6
1 2 0   ← 4×30
1 4 4
```

❷
```
      2
×   5 7
  1 4   ← 2×7
1 0 0   ← 2×50
1 1 4
```

3 두 곱셈의 계산 결과를 비교하여 알맞은 말에 ○표 하세요.

| 9×16 | 16×9 |

➡ 9×16과 16×9의 계산 결과는 (⬭갈습니다⬭, 다릅니다).

4 □ 안에 알맞은 수를 써넣으세요.

❶
```
  2
    3
× 2 8
8 4
```

❷
```
  5
    7
× 4 8
3 3 6
```

5 계산해 보세요.

❶ 5×27=135   ❷ 6×36=216

6 계산이 잘못된 부분을 찾아 기호를 써 보세요.

```
      4
×   5 8
  3 2 ←㉠
  2 0 ←㉡
  5 2
```
(㉡   )

▶ ㉡은 4×50이므로 2000이 됩니다. (5는 십의 자리 숫자이므로 50을 나타냅니다.)

7 우유를 한 상자에 9병씩 32상자에 담았습니다. 상자에 담은 우유는 모두 몇 병인지 식을 쓰고 답을 구해 보세요.

식 ___9×32=288___   답 ___288___ 병

1. 곱셈

올림이 한 번 있는 (몇십몇)×(몇십몇)

36×12 계산하기

• 36과 일의 자리 2를 먼저 곱하고, 36과 십의 자리 1을 곱하여 더합니다.

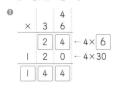

```
        1
      3 6
×   1 2
      7 2
  3 6 0   … 36×10
  4 3 2
```

1 두 가지 방법으로 14×18을 계산하려고 합니다. □ 안에 알맞은 수를 써넣으세요.

방법 1
$$14 × 18 = 14 × 10 + 14 × 8$$
$$= \boxed{140} + \boxed{112}$$
$$= \boxed{252}$$

방법 2
```
      1 4
×   1 8
1 1 2   ←14×8
1 4 0   ←14×10
2 5 2
```

2 □ 안에 알맞은 수를 써넣으세요.

❶
```
      1 7
×   1 6
1 0 2   ←17×6
1 7 0   ←17×10
2 7 2
```

❷
```
      2 9
×   1 3
  8 7   ←29×3
2 9 0   ←29×10
3 7 7
```

3 계산해 보세요.

❶
```
      1 2
×   2 7
    8 4
  2 4 0
  3 2 4
```

❷
```
      2 3
×   4 2
    4 6
  9 2 0
  9 6 6
```

❸
```
      1 4
×   2 7
    9 8
  2 8 0
  3 7 8
```

4 계산해 보세요.

❶ 51×13=663
```
      5 1
×   1 3
  1 5 3
  5 1 0
  6 6 3
```

❷ 38×21=798
```
      3 8
×   2 1
    3 8
  7 6 0
  7 9 8
```

5 잘못 계산한 곳을 찾아 ○표 하고, 바르게 계산해 보세요.

```
      8 1
×   1 7
  5 6 7
⬭ 8 1⬭
  6 4 8
```
➡
```
      8 1
×   1 7
  5 6 7
  8 1 0
1 3 7 7
```

▶ 17의 1은 십의 자리이므로 81×10=810이 됩니다.

6 우리 반 학생 25명에게 연필을 12자루씩 나누어 주려고 합니다. 연필은 모두 몇 자루가 필요한지 식을 쓰고 답을 구해 보세요.

식 ___25×12=300___   답 ___300___ 자루

1. 곱셈

올림이 여러 번 있는 (몇십몇)×(몇십몇)

25×47 계산하기

• 25와 일의 자리 7을 먼저 곱하고, 25와 십의 자리 4를 곱하여 더합니다.

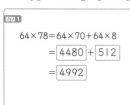

$$
\begin{array}{r} 2\ 5 \\ \times\ 4\ 7 \\ \hline 1\ 7\ 5 \end{array}
\Rightarrow
\begin{array}{r} 2\ 5 \\ \times\ 4\ 7 \\ \hline 1\ 7\ 5 \\ 1\ 0\ 0\ 0 \end{array}
\Rightarrow
\begin{array}{r} 2\ 5 \\ \times\ 4\ 7 \\ \hline 1\ 7\ 5 \\ 1\ 0\ 0\ 0 \end{array}
$$ ··· 25×7
··· 25×40

$$
\begin{array}{r} 2\ 5 \\ \times\ 4\ 7 \\ \hline 1\ 7\ 5 \\ 1\ 0\ 0\ 0 \\ \hline 1\ 1\ 7\ 5 \end{array}
$$

1 두 가지 방법으로 64×78을 계산하려고 합니다. □ 안에 알맞은 수를 써넣으세요.

방법 1

$64×78=64×70+64×8$
$=\boxed{4480}+\boxed{512}$
$=\boxed{4992}$

방법 2

$$
\begin{array}{r} 6\ 4 \\ \times\ 7\ 8 \\ \hline 5\ 1\ 2 \end{array}
$$ ←64×8

$$\boxed{4\ 4\ 8\ 0}$$ ←64×70

$$\boxed{4\ 9\ 9\ 2}$$

2 □ 안에 알맞은 수를 써넣으세요.

❶
$$
\begin{array}{r} 8\ 9 \\ \times\ 3\ 6 \\ \hline \boxed{5\ 3\ 4} \\ \boxed{2\ 6\ 7\ 0} \\ \hline \boxed{3\ 2\ 0\ 4} \end{array}
$$ ←89×6
←89×30

❷
$$
\begin{array}{r} 5\ 6 \\ \times\ 4\ 8 \\ \hline \boxed{4\ 4\ 8} \\ \boxed{2\ 2\ 4\ 0} \\ \hline \boxed{2\ 6\ 8\ 8} \end{array}
$$ ←56×8
←56×40

3 계산해 보세요.

❶
$$
\begin{array}{r} 4\ 7 \\ \times\ 5\ 3 \\ \hline 1\ 4\ 1 \\ 2\ 3\ 5\ 0 \\ \hline 2\ 4\ 9\ 1 \end{array}
$$

❷
$$
\begin{array}{r} 3\ 9 \\ \times\ 4\ 8 \\ \hline 3\ 1\ 2 \\ 1\ 5\ 6\ 0 \\ \hline 1\ 8\ 7\ 2 \end{array}
$$

❸
$$
\begin{array}{r} 6\ 5 \\ \times\ 2\ 7 \\ \hline 4\ 5\ 5 \\ 1\ 3\ 0\ 0 \\ \hline 1\ 7\ 5\ 5 \end{array}
$$

4 계산해 보세요.

❶ 86×24=2064
$$
\begin{array}{r} 8\ 6 \\ \times\ 2\ 4 \\ \hline 3\ 4\ 4 \\ 1\ 7\ 2\ 0 \\ \hline 2\ 0\ 6\ 4 \end{array}
$$

❷ 45×75=3375
$$
\begin{array}{r} 4\ 5 \\ \times\ 7\ 5 \\ \hline 2\ 2\ 5 \\ 3\ 1\ 5\ 0 \\ \hline 3\ 3\ 7\ 5 \end{array}
$$

5 계산한 값이 작은 것부터 순서대로 기호를 써 보세요.

| ㉠ 42×65 | ㉡ 45×52 |
| ㉢ 24×37 | ㉣ 91×39 |

(㉢, ㉡, ㉠, ㉣)

▶ ㉠ 42×65=2730   ㉡ 45×52=2340   ㉢ 24×37=888   ㉣ 91×39=3549

6 지우개를 한 상자에 25개씩 85상자에 담았습니다. 상자에 담은 지우개는 모두 몇 개인지 식을 쓰고 답을 구해 보세요.

식 25×85=2125   답 2125 개

7 어떤 수에 38을 곱해야 할 것을 잘못하여 더했더니 72가 되었습니다. 바르게 계산한 값은 얼마인지 풀이 과정을 쓰고 답을 구해 보세요.

풀이 **어떤 수를 □라 하면 □+38=72, □=72-38=34 → 34×38=1292**

답 1292

1. 곱셈

연습 문제

[1~10] 곱셈식을 계산해 보세요.

1
$$
\begin{array}{r} 1\ 3\ 4 \\ \times\ \ \ \ 2 \\ \hline 2\ 6\ 8 \end{array}
$$

2
$$
\begin{array}{r} 2\ 4\ 5 \\ \times\ \ \ \ 2 \\ \hline 4\ 9\ 0 \end{array}
$$

3
$$
\begin{array}{r} 5\ 7\ 4 \\ \times\ \ \ \ 6 \\ \hline 3\ 4\ 4\ 4 \end{array}
$$

4
$$
\begin{array}{r} 4\ 8\ 3 \\ \times\ \ \ \ 4 \\ \hline 1\ 9\ 3\ 2 \end{array}
$$

5
$$
\begin{array}{r} 6\ 0 \\ \times\ 4\ 0 \\ \hline 2\ 4\ 0\ 0 \end{array}
$$

6
$$
\begin{array}{r} 2\ 4 \\ \times\ 8\ 0 \\ \hline 1\ 9\ 2\ 0 \end{array}
$$

7
$$
\begin{array}{r} 5 \\ \times\ 7\ 9 \\ \hline 3\ 9\ 5 \end{array}
$$

8
$$
\begin{array}{r} 3\ 1 \\ \times\ 1\ 5 \\ \hline 1\ 5\ 5 \\ 3\ 1\ 0 \\ \hline 4\ 6\ 5 \end{array}
$$

9
$$
\begin{array}{r} 2\ 5 \\ \times\ 2\ 4 \\ \hline 1\ 0\ 0 \\ 5\ 0\ 0 \\ \hline 6\ 0\ 0 \end{array}
$$

10
$$
\begin{array}{r} 6\ 7 \\ \times\ 8\ 2 \\ \hline 1\ 3\ 4 \\ 5\ 3\ 6\ 0 \\ \hline 5\ 4\ 9\ 4 \end{array}
$$

[11~16] 문제를 읽고, 곱셈식을 만들어 쓰고 답을 구해 보세요.

11 문방구에서 320원짜리 연필을 3자루 샀습니다. 연필의 값은 모두 얼마인지 구해 보세요.

식 320×3=960   답 960 원

12 승객을 655명씩 태운 비행기 5대가 제주도로 출발했습니다. 비행기에 탄 승객은 모두 몇 명인지 구해 보세요.

식 655×5=3275   답 3275 명

13 민지는 4월 한 달 동안 매일 75쪽씩 책을 읽었습니다. 민지는 책을 모두 몇 쪽 읽었는지 구해 보세요.

식 75×30=2250   답 2250 쪽

▶ 4월 한 달은 30일입니다.

14 한 번에 9명이 탈 수 있는 놀이 기구를 하루에 52번 운행합니다. 하루 동안 놀이 기구에 탈 수 있는 사람은 모두 몇 명인지 구해 보세요.

식 9×52=468   답 468 명

15 기차를 매일 21회 운행합니다. 2주일 동안 기차는 모두 몇 회 운행하는지 구해 보세요.

식 21×14=294   답 294 회

▶ 2주일은 14일입니다.

16 물을 한 상자에 36병씩 98상자에 담았습니다. 물은 모두 몇 병인지 구해 보세요.

식 36×98=3528   답 3528 병

1. 곱셈 · 단원 평가

1 수 모형을 보고 곱셈식으로 나타내어 보세요.

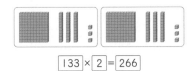

$$133 \times 2 = 266$$

2 보기와 같이 계산해 보세요.

보기

```
    1 3 3
  ×     4
    1 2
  1 2 0
  4 0 0
  5 3 2
```

❶
```
      1 5 4
    ×     4
      1 6
    2 0 0
    4 0 0
    6 1 6
```

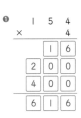

❷
```
      7 2 6
    ×     8
      4 8
    1 6 0
  5 6 0 0
  5 8 0 8
```

3 계산해 보세요.

❶ $50 \times 80 = 4000$

❷ $49 \times 70 = 3430$

4 한 변의 길이가 7 cm인 정사각형 모양의 색종이 12장을 겹치지 않게 이어 붙였습니다. 빨간 선의 길이는 몇 cm인지 구해 보세요.

7 cm

(**84**) cm

▶ 정사각형은 네 변의 길이가 같습니다.
따라서 빨간 선의 길이는 7×12=84(cm)입니다.

5 빈 곳에 알맞은 수를 써넣으세요.

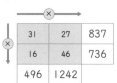

× →		
31	27	837
16	46	736
496	1242	

6 말레이시아의 화폐 단위는 링깃(MR)입니다. 오늘 환율이 1링깃에 295원일 때, 8링깃은 얼마인지 구해 보세요.

(**2360**)원

▶ 295×8=2360

7 계산 결과가 다른 하나를 찾아 기호를 써 보세요.

⊙ 36×24 ⓒ 18×48 ⓒ 7×105 ⓔ 9×96

(ⓒ)

▶ ⊙ 864 ⓒ 864 ⓒ 735 ⓔ 864

8 어느 엘리베이터는 몸무게가 65 kg인 사람이 최대 21명 탈 수 있습니다. 이 엘리베이터에 한 번에 탈 수 있는 최대 무게는 몇 kg인지 구해 보세요.

(**1365**) kg

▶ 65×21=1365

9 어떤 수에 20을 곱해야 할 것을 잘못하여 뺐더니 52가 되었습니다. 바르게 계산하면 얼마인지 구해 보세요.

(**1440**)

▶ 어떤 수에 20을 빼서 52가 되는 수는 72입니다.
바르게 계산하면 72×20=1440입니다.

1. 곱셈 · 실력 키우기

1 어느 장난감 공장에서 한 시간당 만드는 장난감의 수는 다음과 같습니다. 장난감 공장에서 로봇은 18시간, 자동차는 36시간 동안 만들었을 때, 만든 장난감은 모두 몇 개인지 구해 보세요.

종류	로봇	자동차
한 시간당 만드는 장난감의 수(개)	51	45

▶ 로봇은 18시간 동안 18×51=918(개) 만들 수 있고, (**2538**)개
자동차는 36시간 동안 36×45=1620(개) 만들 수 있습니다.
따라서 장난감은 모두 918+1620=2538(개) 만들 수 있습니다.

2 20개씩 들어 있는 오이 35묶음과 25개씩 들어 있는 당근 45묶음이 있습니다. 오이와 당근 중어느 것이 몇 개 더 많은지 □ 안에 알맞게 써넣으세요.

당근 이/가 **425** 개 더 많습니다.

▶ 오이는 20×35=700(개), 당근은 25×45=1125(개) 있습니다.

3 □ 안에 알맞은 수를 써넣으세요.

```
        4 2
      ×   6 3
      1 2 6
    2 5 2 0
    2 6 4 6
```

4 수 카드 4, 6, 9를 한 번씩만 사용하여 곱셈식의 빈 곳에 놓으려고 합니다. 계산 결과가 가장 큰 곱셈식을 만들고, 계산 결과를 구해 보세요.

9 4 × **7 6**

▶ 곱하는 두 수가 커야 곱셈 결과가 커집니다. (**7144**)
96×74와 94×76 중 94×76이 계산 결과가 더 큽니다.
계산 결과를 구해보면 94×76=7144입니다.

2. 나눗셈

내림이 없는 (몇십)÷(몇)

60÷3 계산하기

• 6÷3을 이용하여 60÷3을 계산할 수 있습니다.
• 60은 십 모형 6개이므로 세 묶음으로 똑같이 나누어 묶을 구할 수 있습니다.

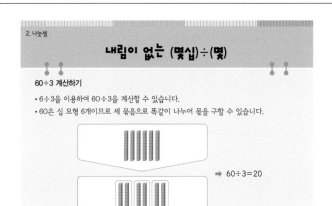

➡ 60÷3=20

1 그림을 보고 물음에 답하세요.

❶ 수 모형을 똑같이 두 묶음으로 나누어 보세요.

❷ 십 모형이 한 묶음에 몇 개씩 있는지 써 보세요.

(**4**)개

❸ 80÷2의 몫은 얼마인가요?

(**40**)

❹ □ 안에 알맞은 수를 써넣으세요.

80은 십 모형 **8** 개이므로 8÷2= **4** 이고,
이것을 이용하여 계산하면 80÷2= **40** 입니다.

2 수 모형을 보고 □ 안에 알맞은 수를 써넣으세요.

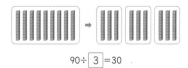

$$90 \div \boxed{3} = 30$$

3 □ 안에 알맞은 수를 써넣으세요.

❶ $4 \div 2 = \boxed{2}$ ➡ $40 \div 2 = \boxed{20}$

❷ $5 \div 5 = \boxed{1}$ ➡ $50 \div 5 = \boxed{10}$

4 계산해 보세요.

❶ $60 \div 6 = \boxed{10}$ ❷ $30 \div 3 = \boxed{10}$

5 나눗셈의 몫이 작은 것부터 순서대로 기호를 써 보세요.

| ㉠ $80 \div 2$ ㉡ $60 \div 2$ ㉢ $70 \div 7$ ㉣ $80 \div 4$ |

(㉢, ㉣, ㉡, ㉠)

▶ ㉠ 40   ㉡ 30   ㉢ 10   ㉣ 20

6 연필 30자루를 한 명의 친구에게 3자루씩 나누어 준다면 몇 명에게 나누어 줄 수 있는지 구해 보세요.

(**10**)명

▶ $30 \div 3 = 10$

7 학생 60명이 버스 3대에 똑같이 나누어 타려고 합니다. 버스 한 대에 몇 명씩 탈 수 있는지 구해 보세요.

(**20**)명

▶ $60 \div 3 = 20$

---

2. 나눗셈

내림이 있는 (몇십)÷(몇)

50÷2 계산하기

• 50은 십 모형 5개이므로 두 묶음으로 똑같이 나누어 몫을 구할 수 있습니다.

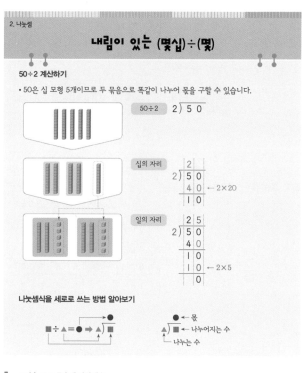

나눗셈식을 세로로 쓰는 방법 알아보기

1 그림을 보고 물음에 답하세요.

❶ 30을 몇 묶음으로 나누었는지 써 보세요.

(**2**)묶음

❷ $30 \div 2$의 몫은 얼마인지 구해 보세요.

(**15**)

---

2 □ 안에 알맞은 수를 써넣어 나눗셈식을 세로로 나타내어 보세요.

$$80 \div 5 = 16 \Rightarrow$$

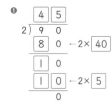

3 □ 안에 알맞은 수를 써넣으세요.

❶
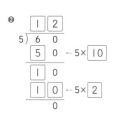

❷

4 계산해 보세요.

❶ $70 \div 2 = \boxed{35}$ ❷ $90 \div 5 = \boxed{18}$

5 색종이를 6장씩 묶어서 꽃 한 송이를 접으려고 합니다. 색종이가 모두 90장이 있을 때, 꽃을 몇 송이 접을 수 있는지 식을 쓰고 답을 구해 보세요.

식 _____ $90 \div 6 = 15$ _____   답 _____ 15 _____ 송이

6 책 70권을 책꽂이 5칸에 똑같이 나누어 꽂으려고 합니다. 한 칸에 책을 몇 권씩 꽂아야 하는지 식을 쓰고 답을 구해 보세요.

식 _____ $70 \div 5 = 14$ _____   답 _____ 14 _____ 권

---

2. 나눗셈

나머지가 없는 (몇십몇)÷(몇)

24÷2 계산하기

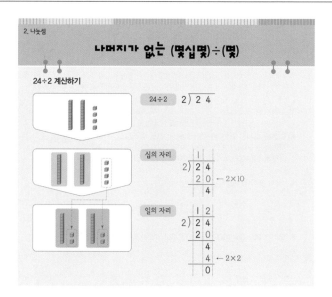

1 그림을 보고 물음에 답하세요.

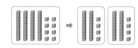

❶ 십 모형 4개를 2묶음으로 똑같이 나누면 한 묶음에 십 모형이 몇 개씩 있나요?

(**2**)개

❷ 일 모형 8개를 2묶음으로 똑같이 나누면 한 묶음에 일 모형이 몇 개씩 있나요?

(**4**)개

❸ $48 \div 2$의 몫은 얼마인지 구해 보세요.

(**24**)

2 □ 안에 알맞은 수를 써넣으세요.

$$36 \div 3 = 12 \Rightarrow$$

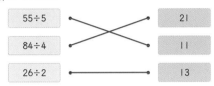

3 계산해 보세요.

❶ 84÷2=42

❷ 39÷3=13

❸
```
    3 3
 2) 6 6
    6 0
      6
      6
      0
```

❹
```
    2 2
 4) 8 8
    8 0
      8
      8
      0
```

4 관계있는 것끼리 이어 보세요.

55÷5		21
84÷4		11
26÷2		13

5 사과 82개를 2상자에 똑같이 나누어 포장하려고 합니다. 한 상자에 들어가는 사과는 몇 개인지 식을 쓰고 답을 구해 보세요.

식 _____82÷2=41_____ 답 ____41____ 개

6 단팥빵이 16개씩 6상자 있습니다. 단팥빵을 3개씩 묶어서 포장하면 모두 몇 묶음인지 풀이 과정을 쓰고 답을 구해 보세요.

풀이 _____16×6=96(개) → 96÷3=32(묶음)_____

답 _____32_____ 묶음

---

2. 나눗셈

나머지가 없고 내림이 있는 (몇십몇)÷(몇)

45÷3 계산하기

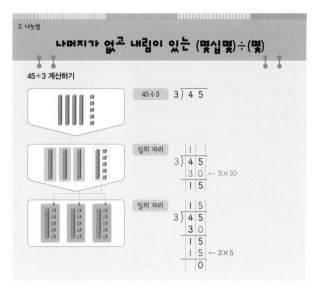

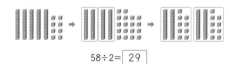

1 그림을 보고 나눗셈을 계산해 보세요.

$$58 \div 2 = \boxed{29}$$

---

2 □ 안에 알맞은 수를 써넣으세요.

❶
```
    3 7
 2) 7 4
    6 0  ←2× 30
    1 4
    1 4  ←2× 7
      0
```

❷
```
    1 6
 3) 4 8
    3 0  ←3× 10
    1 8
    1 8  ←3× 6
      0
```

3 계산해 보세요.

❶ 64÷4=16

❷ 72÷3=24

❸
```
    1 3
 6) 7 8
    6 0
    1 8
    1 8
      0
```

❹
```
    1 2
 7) 8 4
    7 0
    1 4
    1 4
      0
```

4 혜진이와 진주 중 나눗셈을 바르게 계산한 친구는 누구인지 이름을 써 보세요.

혜진	95÷5=15	진주	51÷3=17

(진주)

▶ 95÷5=19

5 사탕 91개를 7개의 상자에 똑같이 나누어 담으려고 합니다. 한 상자에 들어가는 사탕은 몇 개인지 식을 쓰고 답을 구해 보세요.

식 _____91÷7=13_____ 답 ____13____ 개

6 쿠키 52개를 4개씩 바구니에 넣어 포장하려고 합니다. 몇 개의 바구니가 필요한지 식을 쓰고 답을 구해 보세요.

식 _____52÷4=13_____ 답 ____13____ 개

---

2. 나눗셈

내림이 없고 나머지가 있는 (몇십몇)÷(몇)

25÷4 계산하기

• 25를 4로 나누면 몫은 6이고 1이 남습니다. 이때 1을 25÷4의 나머지라고 합니다.

$$25 \div 4 = 6 \cdots 1$$

• 나머지가 없으면 나머지가 0이라고 하며, 나누어떨어진다고 합니다.
• 나머지는 나누는 수보다 더 작습니다.

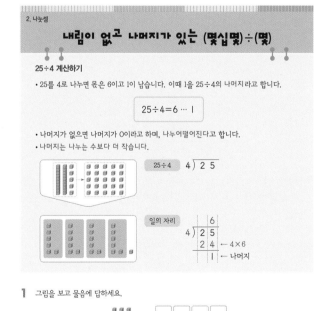

1 그림을 보고 물음에 답하세요.

❶ 34÷4의 몫은 얼마인가요?

(8)

❷ 34÷4의 몫을 구하고 남은 나머지는 얼마인가요?

(2)

2 나눗셈식을 보고 □ 안에 알맞은 말을 써넣으세요.

$$53 \div 8 = 6 \cdots 5$$

➡ 53을 8로 나누면 [몫]은/는 6이고 5가 남습니다. 이때 5를 53÷8의 [나머지](이)라고 합니다.

3 □ 안에 알맞은 수를 써넣으세요.

①
```
        5
  7 ) 3 8
      3 5  ←7×[5]
        3
```

②
```
        7
  9 ) 6 4
      6 3  ←9×[7]
        1
```

4 계산해 보세요.

① $42 \div 5 = 8 \cdots 2$

② $20 \div 3 = 6 \cdots 2$

5 나머지가 4가 될 수 없는 나눗셈을 찾아 기호를 써 보세요.

⊙ □0÷5   ⓒ □0÷6   ⓒ □0÷7

▶ ⊙ 나머지가 4인 식을 만들 수 없습니다.　　　　(⊙)
　ⓒ 예) 10÷6=1… 4
　ⓒ 예) 60÷7=8… 4

6 지우개 50개를 6모둠에게 똑같이 나누어 준다면 한 모둠에게 몇 개씩 줄 수 있고, 몇 개가 남는지 식을 쓰고 답을 구해 보세요.

식　　$50 \div 6 = 8 \cdots 2$

답 한 모둠에게 8 개씩 줄 수 있고, 2 개가 남습니다.

2. 나눗셈

내림이 있고 나머지가 있는 (몇십몇)÷(몇)

53÷2 계산하기

• 53을 2로 나누면 몫은 26이고 1이 남습니다. 이때 1을 53÷2의 나머지라고 합니다.

$$53 \div 2 = 26 \cdots 1$$

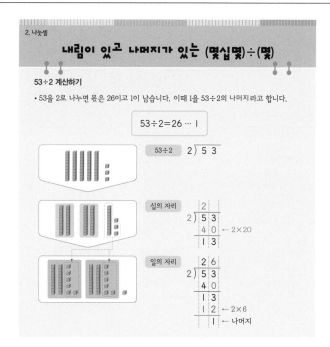

1 그림을 보고 나눗셈을 계산해 보세요.

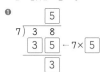

$38 \div 3 = $ 12 $\cdots$ 2

2 □ 안에 알맞은 수를 써넣으세요.

```
        1 3
  7 ) 9 4
      7 0  ←7×[10]
      2 4
      2 1  ←7×[3]
        3
```

3 계산해 보세요.

① $63 \div 4 = 15 \cdots 3$

② $74 \div 6 = 12 \cdots 2$

4 잘못 계산한 곳을 찾아 ○표 하고, 바르게 계산해 보세요.

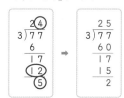

▶ 나머지는 나누는 수보다 작아야 합니다.

5 카드가 88장 있습니다. 5명이 똑같이 나누어 갖는다면 한 명이 카드를 몇 장씩 가질 수 있고, 몇 장이 남는지 식을 쓰고 답을 구해 보세요.

식　　$88 \div 5 = 17 \cdots 3$

답 한 명이 17 장씩 가질 수 있고, 3 장이 남습니다.

2. 나눗셈

나머지가 없는 (세 자리 수)÷(한 자리 수)

345÷5 계산하기

• 345의 백의 자리부터 순서대로 5로 나누어 계산합니다.
• 백의 자리에서 3을 5로 나눌 수 없으므로 십의 자리에서 34를 5로 나누면 4가 남습니다.
• 십의 자리에서 남은 4, 즉 40과 일의 자리 5를 합친 45를 5로 나누어 계산합니다.

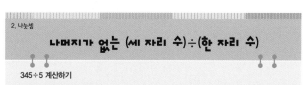

1 □ 안에 알맞은 수를 써넣으세요.

①
```
      3 0 0
  2 ) 6 0 0
      6
          0
```

②
```
      4 6 0
  2 ) 9 2 0
      8
        1 2
        1 2
          0
```

2 □ 안에 알맞은 수를 써넣으세요.

①
```
        6 9
  7 ) 4 8 3
      4 2
        6 3
        6 3
          0
```

②
```
        7 3
  4 ) 2 9 2
      2 8
        1 2
        1 2
          0
```

3 계산해 보세요.

❶ 900÷3=300

❷ 261÷9=29

4 몫의 크기를 비교하여 ○ 안에 >, =, <를 알맞게 써넣으세요.

460÷4 (>) 340÷5

▶ 460÷4=115, 340÷5=68

5 빈 곳에 들어갈 숫자가 나머지와 다른 하나를 찾아 기호를 써 보세요.

```
    I ㉠ ㉡
4)5 8 4
   ㉢
   I 8
   I 6
   2 ㉣
   2 4
     0
```

(㉡)

▶ ㉠ 4 ㉡ 6 ㉢ 4 ㉣ 4

6 몫이 100보다 작은 식을 찾아 ○표 하세요.

| 650÷5 | 134÷2 | 496÷4 | 513÷3 |

( ) (○) ( ) ( )

▶ 650÷5=130, 134÷2=67, 496÷4=124, 513÷3=171

7 책 680권을 8권씩 묶으면 몇 묶음이 되는지 식을 쓰고 답을 구해 보세요.

식 680÷8=85   답 85 묶음

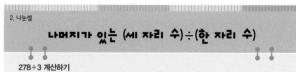

2. 나눗셈
나머지가 있는 (세 자리 수)÷(한 자리 수)

278÷3 계산하기

• 백의 자리부터 순서대로 계산합니다.
• 백의 자리에서 2를 3으로 나눌 수 없으므로 십의 자리에서 27을 3으로 나눕니다.
• 일의 자리에서 8을 3으로 나누면 2가 남습니다.

```
   9           9 2
3)278  →  3)278  →  3)278
           2 7        2 7
             0          8
                        6
                        2
```

1 □ 안에 알맞은 수를 써넣으세요.

```
    2             2 I           2 I 2
2)4 2 5  →  2)4 2 5  →  2)4 2 5
  4             4             4
  0             2             2
                2             2
                0             5
                              4
                              I
```

몫: 212 , 나머지: 1

---

2 □ 안에 알맞은 수를 써넣으세요.

❶
```
    4 7
6)2 8 7
  2 4
    4 7
    4 2
      5
```

❷
```
    6 8
9)6 1 4
  5 4
    7 4
    7 2
      2
```

3 계산해 보세요.

❶ 406÷3=135 ··· I

❷ 122÷8=15 ··· 2

4 나머지가 가장 작은 나눗셈을 찾아 기호를 써 보세요.

㉠ 119÷5 ㉡ 523÷7 ㉢ 802÷4 ㉣ 841÷3

(㉣)

▶ ㉠ 119÷5=23 ··· 4   ㉡ 523÷7=74 ··· 5
㉢ 802÷4=200 ··· 2   ㉣ 841÷3=280 ··· 1

5 잘못 계산한 곳을 찾아 ○표 하고, 바르게 계산해 보세요.

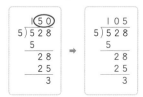

```
    I(50)          I 0 5
5)5 2 8     →   5)5 2 8
  5                5
  2 8              2 8
  2 5              2 5
    3                3
```

---

2. 나눗셈
계산이 맞는지 확인하는 방법 알아보기

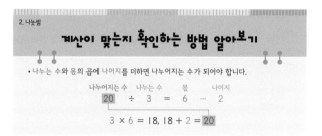

• 나누는 수와 몫의 곱에 나머지를 더하면 나누어지는 수가 되어야 합니다.

나누어지는 수   나누는 수   몫   나머지
20 ÷ 3 = 6 ··· 2
3 × 6 = 18, 18 + 2 = 20

1 15÷6을 계산하고 계산이 맞는지 확인한 식입니다. □ 안에 알맞은 수를 써넣으세요.

15 ÷ 6 = 2 ··· 3
6 × 2 = 12, 12 + 3 = 15

➡ 나누는 수 6 과/와 몫인 2 의 곱에 나머지 3 을/를 더하면 나누어지는 수 15 이/가 됩니다.

2 □ 안에 알맞은 수를 써넣어 계산이 맞는지 확인해 보세요.

❶ 34÷7=4 ··· 6

확인 7× 4 =28, 28 +6= 34

❷ 49÷3=16 ··· I

확인 3× 16 =48, 48 + I = 49

❸ 101÷9=11 ··· 2

확인 9× 11 =99, 99 + 2 = 101

3 나눗셈을 계산하고 계산 결과가 맞는지 확인해 보세요.

```
    1 4
6 ) 8 9
    6
    2 9
    2 4
      5
```

확인 $6 \times 14 = 84$, $84 + 5 = 89$

4 나눗셈을 계산하고 계산 결과가 맞는지 확인한 식입니다. 계산한 나눗셈식을 써 보세요.

$$7 \times 18 = 126, \ 126 + 4 = 130$$

나눗셈식 $130 \div 7 = 18 \cdots 4$

5 관계있는 것끼리 이어 보세요.

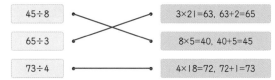

45÷8		3×21=63, 63+2=65
65÷3		8×5=40, 40+5=45
73÷4		4×18=72, 72+1=73

6 어떤 수를 4로 나누었더니 몫이 15, 나머지가 2가 되었습니다. 어떤 수를 구해 보세요.

▶ □÷4=15 … 2   (62)
→ 4×15=60, 60+2=62

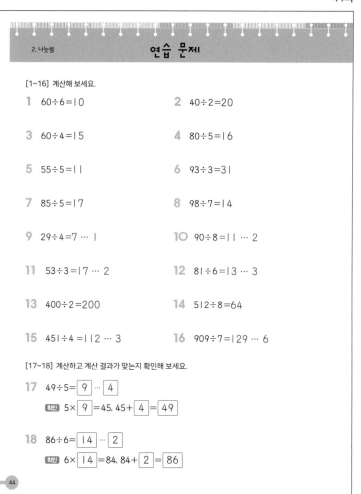

2. 나눗셈

연습 문제

[1~16] 계산해 보세요.

1 60÷6=10   **2** 40÷2=20

3 60÷4=15   **4** 80÷5=16

5 55÷5=11   **6** 93÷3=31

7 85÷5=17   **8** 98÷7=14

9 29÷4=7 … 1   **10** 90÷8=11 … 2

11 53÷3=17 … 2   **12** 81÷6=13 … 3

13 400÷2=200   **14** 512÷8=64

15 451÷4=112 … 3   **16** 909÷7=129 … 6

[17~18] 계산하고 계산 결과가 맞는지 확인해 보세요.

17 49÷5= 9 … 4
확인 5× 9 =45, 45+ 4 = 49

18 86÷6= 14 … 2
확인 6× 14 =84, 84+ 2 = 86

[19~28] 계산해 보세요.

19
```
    2 0
3 ) 6 0
    6 0
      0
```

20
```
    1 6
2 ) 3 2
    2
    1 2
    1 2
      0
```

21
```
    1 4
6 ) 8 4
    6
    2 4
    2 4
      0
```

22
```
      4
9 ) 3 7
    3 6
      1
```

23
```
    1 1
5 ) 5 9
    5
      9
      5
      4
```

24
```
    1 0
8 ) 8 5
    8
      5
```

25
```
      7 1
6 ) 4 2 6
    4 2
        6
        6
        0
```

26
```
    1 4 3
5 ) 7 1 5
    5
    2 1
    2 0
      1 5
      1 5
        0
```

27
```
      9 2
3 ) 2 7 8
    2 7
        8
        6
        2
```

28
```
    1 4 6
6 ) 8 7 8
    6
    2 7
    2 4
      3 8
      3 6
        2
```

---

2. 나눗셈

단원 평가

1 수 모형을 보고 □ 안에 알맞은 수를 써넣으세요.

60÷2= 30

2 □ 안에 알맞은 수를 써넣으세요.

❶
```
    1 5
6 ) 9 0
    6
    3 0
    3 0
      0
```

❷
```
    3 2
3 ) 9 6
    9
      6
      6
      0
```

❸
```
    1 3
7 ) 9 1
    7
    2 1
    2 1
      0
```

3 계산해 보세요.

❶ 29÷8=3 … 5   ❷ 50÷4=12 … 2
❸ 156÷3=52   ❹ 285÷7=40 … 5

4 나눗셈의 나머지가 작은 것부터 순서대로 기호를 써 보세요.

| ㉠ 53÷5 | ㉡ 221÷6 | ㉢ 341÷2 | ㉣ 56÷3 |

(㉢, ㉣, ㉠, ㉡)

▶ ㉠ 53÷5=10 … 3   ㉡ 221÷6=36 … 5
㉢ 341÷2=170 … 1   ㉣ 56÷3=18 … 2

5 계산 결과가 맞는지 확인하려고 합니다. □ 안에 알맞은 수를 써넣으세요.

```
    1 4
4 ) 5 8
    4
    1 8
    1 6
    2
```
→ 확인 4× 14 = 56 , 56 + 2 =58

6 나눗셈식을 보고 <u>잘못</u> 설명한 친구를 찾아 이름을 써 보세요.

87÷5

현주: 몫은 17이야.
민후: 나머지는 7이야.
서율: 나누는 수는 5야.
지연: 나누어지는 수는 87이야.

(민후)

▶ 87÷5=17 … 2

7 귤 58개를 한 봉지에 9개씩 묶어서 포장하려고 합니다. 포장하고 남는 귤은 몇 개인지 구해 보세요.

(4)개

▶ 58÷9=6 … 4

8 물 150 L를 8개의 병에 나누어 담으려고 합니다. 한 병에 물을 몇 L씩 넣을 수 있고, 남는 물은 몇 L인지 식을 쓰고 답을 구해 보세요.

식 150÷8=18 … 6

답 한 병에 18 L씩 넣을 수 있고, 6 L가 남습니다.

실력 키우기

1 □ 안에 들어갈 수 있는 수를 모두 찾아 ○표 하세요.

60÷5<□

(10, 11, 12, ⑬ ⑭ ⑮)

▶ 60÷5=12

2 지수네 반은 남학생이 13명, 여학생이 15명입니다. 한 모둠에 4명씩 모둠을 만든다면 몇 모둠이 되는지 구해 보세요.

(7) 모둠

▶ 13+15=28, 지수네 반 학생 수는 28명입니다.
→ 28÷4=7

3 2부터 9까지의 자연수 중에서 56을 나누어떨어지게 하는 수를 모두 구해 보세요.

(2, 4, 7, 8)

▶ 56÷2=28 … 0   56÷3=18 … 2   56÷4=14 … 0   56÷5=11 … 1
56÷6=9 … 2   56÷7=8 … 0   56÷8=7 … 0   56÷9=6 … 2

4 사탕을 8명에게 남김없이 똑같이 나누어 주려고 합니다. 현재 사탕을 164개 가지고 있다면 적어도 몇 개가 더 필요한지 구해 보세요.

(4)개

▶ 164÷8=20 … 4
8명이 20개씩 나누어가지면 4개가 남으므로 4개를
더 보태어 21개씩 나누어 가지면 됩니다.

5 수 카드 5, 3, 8 을 한 번씩만 사용하여 몫이 가장 큰 (두 자리 수)÷(한 자리 수)의 나눗셈식을 만들려고 합니다. 나눗셈식을 쓰고, 몫과 나머지를 구해 보세요.

식 8 5 ÷ 3   몫 28   나머지 1

▶ 몫이 가장 크려면 나누어지는 수는 크게, 나누는 수는 작게 만듭니다.

6 40보다 크고 50보다 작은 자연수 중 다음 조건을 모두 만족하는 수를 구해 보세요.

• 7로 나누면 나누어떨어집니다.
• 5로 나누면 나머지가 2입니다.

(42)

▶ 42와 49 중 5로 나누면 나머지가 2인 것은 42입니다.

원 알아보기

• 원을 그릴 때 누름 못이 꽂혔던 점 ㅇ을 원의 중심이라고 합니다.
• 원의 중심 ㅇ과 원 위의 한 점을 이은 선분을 원의 반지름이라고 합니다.
• 원 위의 두 점을 이은 선분이 원의 중심 ㅇ을 지날 때, 이 선분을 원의 지름이라고 합니다.

• 선분 ㅇㄱ과 선분 ㅇㄴ은 원의 반지름이고, 선분 ㄱㄴ은 원의 지름입니다.
• 한 원에서 원의 반지름은 모두 같습니다.

1 원의 중심을 찾아 기호를 써 보세요.

(㉢)

2 □ 안에 알맞은 말을 써넣으세요.

원의 중심   원의 지름   원의 반지름

3 관계있는 것끼리 이어 보세요.

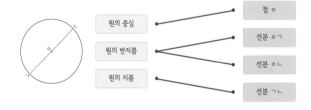

원의 중심 — 점 ㅇ
원의 반지름 — 선분 ㅇㄱ
원의 지름 — 선분 ㅇㄴ
— 선분 ㄱㄴ

[4~5] 그림을 보고 물음에 답하세요.

4 원의 지름을 나타내는 선분을 모두 찾아 쓰고, 길이를 재어 보세요.

지름	선분 ㄱㅁ	선분 ㄴㅂ	선분 ㄷㅅ
길이(cm)	5	5	5

5 원의 지름에 대한 설명으로 알맞은 것에 ○표 하세요.

➡ 한 원에서 원의 지름은 모두 (같습니다 , 다릅니다).

3. 원

원의 성질 알아보기

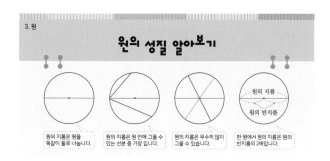

원의 지름은 원을 똑같이 둘로 나눕니다.

원의 지름은 원 안에 그을 수 있는 선분 중 가장 깁니다.

원의 지름은 무수히 많이 그을 수 있습니다.

한 원에서 원의 지름은 원의 반지름의 2배입니다.

[1~2] 그림을 보고 물음에 답하세요.

1 원의 성질로 알맞은 것을 모두 찾아 기호를 써 보세요.

> ㉠ 지름은 반지름의 3배입니다.
> ㉡ 지름은 원을 똑같이 둘로 나눕니다.
> ㉢ 원의 지름은 무수히 많이 그을 수 있습니다.
> ㉣ 지름은 원 안에 그을 수 있는 선분 중 가장 깁니다.

(㉡, ㉢, ㉣)

▶ ㉠ 지름은 반지름의 2배입니다.

2 □ 안에 알맞은 말을 써넣으세요.

> 원의 중심을 지나는 선분 ㄱㄴ을 원의 **지름** (이)라고 합니다.

3 길이가 가장 긴 선분을 찾아 번호를 써 보세요.

(④)

4 원의 반지름을 나타내는 선분을 모두 찾아 기호를 써 보세요.

> ㉠ 선분 ㅇㄴ   ㉡ 선분 ㄱㅁ
> ㉢ 선분 ㅇㄷ   ㉣ 선분 ㄴㄹ

(㉠, ㉢)

▶ 반지름은 원의 중심과 원 위의 한 점을 지나는 선분입니다.

5 크기가 작은 것부터 순서대로 기호를 써 보세요.

> ㉠ 반지름이 3 cm인 원   ㉡ 지름이 8 cm인 원
> ㉢ 반지름이 10 cm인 원   ㉣ 지름이 15 cm인 원

(㉠, ㉡, ㉣, ㉢)

▶ 원의 지름(또는 반지름)이 작은 것부터 찾아봅니다.

6 직사각형 안에 반지름이 5 cm인 원 2개를 꼭 맞게 그렸습니다. 직사각형의 가로와 세로의 길이는 각각 몇 cm인가요?

가로 (**20**) cm, 세로 (**10**) cm

▶ 직사각형의 가로는 두 원의 지름의 합과 같습니다.
직사각형의 세로는 원의 지름과 크기가 같습니다.

3. 원

원 그리기

컴퍼스를 이용하여 원 그리기

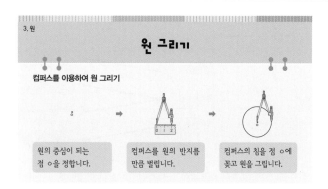

원의 중심이 되는 점 ㅇ을 정합니다.

컴퍼스를 원의 반지름만큼 벌립니다.

컴퍼스의 침을 점 ㅇ에 꽂고 원을 그립니다.

1 컴퍼스를 이용하여 반지름이 3 cm인 원을 그리는 과정입니다. □ 안에 알맞게 써넣으세요.

❶ 원의 **중심** 이 되는 점 ㅇ을 정합니다.

❷ 컴퍼스를 **3** cm만큼 벌립니다.

❸ **컴퍼스** 의 침을 점 ㅇ에 꽂고 원을 그립니다.

2 컴퍼스를 이용하여 지름이 4 cm인 원을 그리려고 합니다. 컴퍼스를 바르게 벌린 것을 찾아 ○표 하세요.

(○)   ( )

▶ 지름이 4 cm이므로 반지름은 2 cm입니다.

3 점 ㅇ을 원의 중심으로 하여 반지름이 3 cm인 원을 그려 보세요.

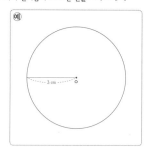

4 원의 지름이 24 cm인 원을 그리려고 합니다. 컴퍼스를 몇 cm 벌려서 원을 그려야 하는지 써 보세요.

(**12**) cm

▶ 컴퍼스의 침과 연필 사이의 거리는 원의 반지름이 됩니다.

5 한 변의 길이가 20 cm인 정사각형 안에 원을 꼭 맞게 그렸습니다. 원의 반지름은 몇 cm인지 구해 보세요.

(**10**) cm

3. 원

원을 이용하여 여러 가지 모양 그리기

크기가 다양한 원을 이용하여 여러 가지 모양을 그릴 수 있습니다.

원의 중심이 같고
반지름이 점점 커지는
원 5개로 과녁을 그렸습니다.

1 다음 규칙에 따라 그린 모양을 찾아 기호를 써 보세요.

❶ 원의 중심을 옮기지 않고 원의 반지름을 다르게 하여 그린 모양

(㉡)

❷ 정사각형과 원을 이용하여 그린 모양

(㉢)

❸ 원의 반지름이 변하지 않고 원의 중심을 옮겨 가며 그린 모양

(㉠)

2 주어진 모양을 그리기 위하여 컴퍼스의 침을 꽂아야 할 곳은 모두 몇 군데인지 써 보세요.

(4)군데

3 그림을 보고 원을 그린 [규칙]을 설명하였습니다. □ 안에 알맞은 수를 써넣고, 규칙에 따라 원을 2개 더 그려 보세요.

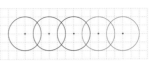

[규칙] 원의 크기는 변하지 않고 원의 중심이 오른쪽으로 모눈 3 칸씩 이동하였습니다.

4 주어진 원과 원의 중심이 같고 반지름이 다른 원 2개를 더 그려 보세요.

예

5 왼쪽과 똑같은 모양을 오른쪽에 그려 보세요.

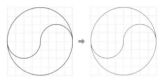

3. 원

연습 문제

[1~2] 원의 중심을 찾아 써 보세요.

1

(점 ㄴ)

2
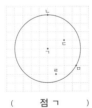
(점 ㄱ)

[3~4] 원의 반지름을 찾아 써 보세요.

3

(선분 ㅇㄹ)

4

(선분 ㅇㄷ)

[5~6] 원의 지름을 찾아 써 보세요.

5

(선분 ㄱㄴ)

6

(선분 ㄴㅁ)

[7~8] 원의 반지름과 지름의 길이를 각각 구해 보세요.

7

반지름 (7) cm
지름 (14) cm

8

반지름 (8) cm
지름 (16) cm

9 점 ㅇ을 중심으로 하여 반지름이 2 cm인 원을 그려 보세요.

10 왼쪽과 똑같은 모양을 오른쪽에 그려 보세요.

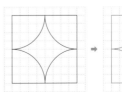

3. 원   단원 평가

1 □ 안에 알맞은 말을 써넣으세요.

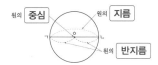

원의 **중심**   원의 **지름**   원의 **반지름**

2 원의 중심을 찾아 표시하고, 반지름을 1개 그어 보세요.

▶ 반지름은 원의 중심에서 원 위의 한 점까지 그은 선분입니다.

3 지름이 12 cm인 원 모양의 종이를 다음과 같이 두 번 접었다 펼쳤습니다. ㉠의 길이를 구해 보세요.

(**6**) cm

4 원의 성질에 대해 바르게 설명한 것을 모두 찾아 기호를 써 보세요.

> ㉠ 한 원에 반지름을 셀 수 없이 많이 그을 수 있습니다.
> ㉡ 원의 반지름은 원 위의 두 점을 이은 선분 중 가장 깁니다.
> ㉢ 한 원에서 원의 지름은 원의 반지름의 2배입니다.
> ㉣ 지름은 원의 중심을 지납니다.

(**㉠, ㉢, ㉣**)

5 다음과 같이 컴퍼스를 벌려 원을 그리려고 합니다. 원의 반지름은 몇 cm인가요?

(**4**) cm

6 직사각형 안에 반지름이 5 cm인 원 3개를 꼭 맞게 그렸습니다. 직사각형의 네 변의 길이의 합은 몇 cm인지 구해 보세요.

(**80**) cm

▶ 직사각형의 가로의 길이는 30 cm이고 세로의 길이는 10 cm입니다.

7 원의 반지름이 1칸씩 줄어들고, 원이 오른쪽에 서로 맞닿도록 그리는 규칙입니다. 규칙에 따라 모눈종이에 원을 2개 더 그려 보세요.

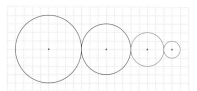

---

3. 원   실력 키우기

1 반지름이 5 cm인 원 3개를 맞닿게 붙이고 중심을 연결하여 삼각형을 그렸습니다. 삼각형의 한 변의 길이는 몇 cm인지 구해 보세요.

5 cm

(**10**) cm

2 가장 작은 원의 반지름이 4 cm일 때, 가장 큰 원의 반지름은 몇 cm인지 구해 보세요.

▶ 가장 큰 원의 반지름의 길이는 그림과 같이 4+4+4 cm입니다.

(**12**) cm

3 원의 반지름은 변하지 않고 원의 중심을 옮겨 가며 그린 모양입니다. 선분 ㄱㄴ의 길이가 36 cm일 때, 원의 지름은 몇 cm인지 구해 보세요.

▶ 선분 ㄱㄴ의 길이는 원의 지름의 두 배입니다.   (**18**) cm

4 다음 모양을 그리기 위하여 컴퍼스의 침을 꽂아야 할 곳은 모두 몇 군데인지 써 보세요.

❶   ❷

(**5**)군데   (**5**)군데

---

4. 분수   분수로 나타내기

- '전체'는 '분모'에, '부분'은 '분자'에 표현하므로 $\frac{(부분\ 묶음\ 수)}{(전체\ 묶음\ 수)}$ 와 같이 나타낼 수 있습니다.

- 색칠한 부분은 2묶음 중에서 1묶음이므로 전체의 $\frac{1}{2}$ 입니다.

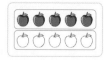

1 사과 8개를 똑같이 2부분으로 나누어 보세요.

예

2 구슬 12개를 똑같이 3부분으로 나누었습니다. □ 안에 알맞은 수를 써넣으세요.

부분 ⬤⬤⬤⬤ 은 전체 ⬤⬤⬤⬤⬤⬤⬤⬤⬤⬤⬤⬤ 을 똑같이 3부분으로 나눈 것 중의 **1** 부분입니다.

따라서 ⬤⬤⬤⬤ 은 전체의 $\frac{1}{3}$ 입니다.

3 □ 안에 알맞은 수를 써넣으세요.

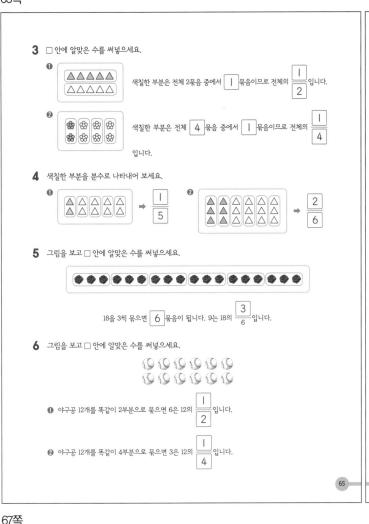

❶ 색칠한 부분은 전체 2묶음 중에서 1 묶음이므로 전체의 $\frac{1}{2}$ 입니다.

❷ 색칠한 부분은 전체 4 묶음 중에서 1 묶음이므로 전체의 $\frac{1}{4}$ 입니다.

4 색칠한 부분을 분수로 나타내어 보세요.

❶ → $\frac{1}{5}$ ❷ → $\frac{2}{6}$

5 그림을 보고 □ 안에 알맞은 수를 써넣으세요.

18을 3씩 묶으면 6 묶음이 됩니다. 9는 18의 $\frac{3}{6}$ 입니다.

6 그림을 보고 □ 안에 알맞은 수를 써넣으세요.

❶ 야구공 12개를 똑같이 2부분으로 묶으면 6은 12의 $\frac{1}{2}$ 입니다.

❷ 야구공 12개를 똑같이 4부분으로 묶으면 3은 12의 $\frac{1}{4}$ 입니다.

---

4. 분수
전체에 대한 분수만큼은 얼마인지 구하기

15의 $\frac{1}{5}$ 구하기

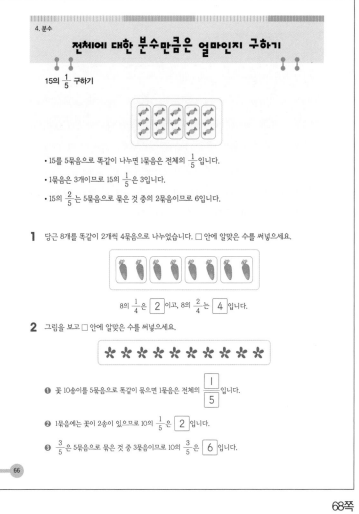

• 15를 5묶음으로 똑같이 나누면 1묶음은 전체의 $\frac{1}{5}$ 입니다.

• 1묶음은 3개이므로 15의 $\frac{1}{5}$ 은 3입니다.

• 15의 $\frac{2}{5}$ 는 5묶음으로 묶은 것 중의 2묶음이므로 6입니다.

1 당근 8개를 똑같이 2개씩 4묶음으로 나누었습니다. □ 안에 알맞은 수를 써넣으세요.

8의 $\frac{1}{4}$ 은 2 이고, 8의 $\frac{2}{4}$ 는 4 입니다.

2 그림을 보고 □ 안에 알맞은 수를 써넣으세요.

＊＊＊＊＊＊＊＊＊＊

❶ 꽃 10송이를 5묶음으로 똑같이 묶으면 1묶음은 전체의 $\frac{1}{5}$ 입니다.

❷ 1묶음에는 꽃이 2송이 있으므로 10의 $\frac{1}{5}$ 은 2 입니다.

❸ $\frac{3}{5}$ 은 5묶음으로 묶은 것 중 3묶음이므로 10의 $\frac{3}{5}$ 은 6 입니다.

---

3 바둑돌 16개를 똑같이 4묶음으로 나누고, 물음에 답하세요.

❶ 바둑돌 4묶음 중 1묶음은 바둑돌 몇 개인가요?

(4)개

❷ 16의 $\frac{1}{4}$ 은 얼마인지 구해 보세요.

(4)

❸ 16의 $\frac{3}{4}$ 은 얼마인지 구해 보세요.

(12)

4 그림을 보고 □ 안에 알맞은 수를 써넣으세요.

40의 $\frac{1}{8}$ 은 5 이고, 40의 $\frac{5}{8}$ 는 25 입니다.

5 □ 안에 알맞은 수를 써넣고, 초록색 구슬의 수만큼 색칠해 보세요.

9의 $\frac{2}{3}$ 는 초록색 구슬입니다. 따라서 초록색 구슬은 6 개입니다.

---

4. 분수
길이에서 전체에 대한 분수만큼은 얼마인지 구하기

10 m의 $\frac{1}{5}$ 구하기

• 10 m를 5부분으로 똑같이 나누면 1부분의 길이는 전체의 $\frac{1}{5}$ 입니다.

• 1부분의 길이는 2 m이므로 10 m의 $\frac{1}{5}$ 은 2 m입니다.

1 그림을 보고 □ 안에 알맞은 수를 써넣으세요.

❶ 8 cm의 $\frac{1}{4}$ 은 2 cm입니다.

❷ 8 cm의 $\frac{2}{4}$ 는 4 cm입니다.

2 12 cm의 $\frac{1}{4}$ 만큼 색칠하고 □ 안에 알맞은 수를 써넣으세요.

❶ 12 cm의 $\frac{1}{4}$ 은 3 cm입니다.

❷ 12 cm의 $\frac{2}{4}$ 는 6 cm입니다.

❸ 12 cm의 $\frac{3}{4}$ 은 9 cm입니다.

3 □ 안에 알맞은 수를 써넣으세요.

❶ 1 m의 $\frac{1}{2}$은 **50** cm입니다.

❷ 1 m의 $\frac{3}{5}$은 **60** cm입니다.

4 종이띠 20 cm 중 $\frac{1}{4}$은 내가 쓰고, 나머지 $\frac{3}{4}$은 친구에게 주었습니다. 내가 쓴 종이띠와 친구에게 준 종이띠는 각각 몇 cm인지 구해 보세요.

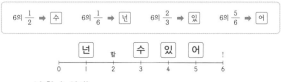

내가 쓴 종이띠 (**5**) cm

친구에게 준 종이띠 (**15**) cm

5 6의 $\frac{1}{2}$, $\frac{1}{6}$, $\frac{2}{3}$, $\frac{5}{6}$만큼 되는 곳에 알맞은 글자를 찾아 □ 안에 써넣어 문장을 완성해 보세요.

6의 $\frac{1}{2}$ ➡ 수   6의 $\frac{1}{6}$ ➡ 년   6의 $\frac{2}{3}$ ➡ 있   6의 $\frac{5}{6}$ ➡ 어

| 년 | | 할 | 수 | 있 | 어 | ! |

0 1 2 3 4 5 6

완성된 문장 **년 할 수 있어!**

---

4. 분수

진분수와 가분수 알아보기

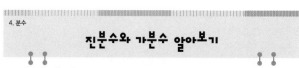

- $\frac{1}{5}$, $\frac{2}{5}$, $\frac{3}{5}$, $\frac{4}{5}$와 같이 분자가 분모보다 작은 분수를 진분수라고 합니다.
- $\frac{5}{5}$, $\frac{6}{5}$, $\frac{7}{5}$과 같이 분자가 분모와 같거나 분모보다 큰 분수를 가분수라고 합니다.
- $\frac{5}{5}$는 1과 같습니다. 1, 2, 3과 같은 수를 자연수라고 합니다.

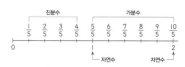

1 그림을 보고 □ 안에 알맞은 수를 써넣으세요.

❶  $\frac{1}{5}$이 1개 ➡ $\frac{1}{5}$

❷  $\frac{1}{5}$이 4개 ➡ $\frac{4}{5}$

❸  $\frac{1}{5}$이 6개 ➡ $\frac{6}{5}$

2 분모가 6인 분수를 수직선에 나타내어 보세요.

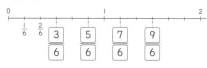

0 1 2

$\frac{1}{6}$ $\frac{2}{6}$ $\frac{3}{6}$ $\frac{5}{6}$ $\frac{7}{6}$ $\frac{9}{6}$

---

3 분수만큼 색칠하고, 알맞은 분수에 ○표 하세요.

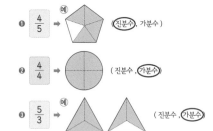

❶ $\frac{4}{5}$ ➡ (진분수, 가분수)

❷ $\frac{4}{4}$ ➡ (진분수, **가분수**)

❸ $\frac{5}{3}$ ➡ (진분수, **가분수**)

4 분수를 보고 물음에 답하세요.

$\frac{5}{5}$ $\frac{1}{7}$ $\frac{1}{2}$ $\frac{9}{6}$ $\frac{13}{2}$ $\frac{2}{5}$ $\frac{11}{9}$ $\frac{3}{4}$

❶ 진분수를 모두 찾아 써 보세요.

($\frac{1}{7}$, $\frac{1}{2}$, $\frac{2}{5}$, $\frac{3}{4}$)

❷ 가분수를 모두 찾아 써 보세요.

($\frac{5}{5}$, $\frac{9}{6}$, $\frac{13}{2}$, $\frac{11}{9}$)

❸ 가분수이면서 자연수인 수를 찾아 써 보세요.

($\frac{5}{5}$)

5 조건에 맞는 분수에 ○표 하세요.

- 분모와 분자의 합은 12입니다.
- 진분수입니다.

$\frac{5}{7}$ $\frac{6}{6}$ $\frac{8}{4}$

(○) ( ) ( )

---

4. 분수

대분수 알아보기

- 1과 $\frac{1}{3}$은 $1\frac{1}{3}$이라 쓰고, 1과 3분의 1이라고 읽습니다.
- $1\frac{1}{3}$과 같이 자연수와 진분수로 이루어진 분수를 대분수라고 합니다.

1 그림을 보고 □ 안에 알맞은 수나 말을 써넣으세요.

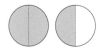

❶ 1과 $\frac{1}{2}$은 $1\frac{1}{2}$(이)라 쓰고 **1과 2분의 1**(이)라고 읽습니다.

❷ $1\frac{1}{2}$과 같이 자연수와 진분수로 이루어진 분수를 **대분수**(이)라고 합니다.

2 대분수를 모두 찾아 써 보세요.

$2\frac{5}{6}$ $\frac{17}{5}$ $\frac{5}{7}$ $\frac{7}{4}$ $4\frac{3}{10}$

($2\frac{5}{6}$, $4\frac{3}{10}$)

3 그림을 보고 대분수로 나타내어 보세요.

①

$2\dfrac{3}{4}$

②
$2\dfrac{4}{6}$

4 민수가 말하는 분수를 모두 써 보세요.

지현: 자연수 부분이 2이고 분모가 3인 대분수는 $2\dfrac{1}{3}$, $2\dfrac{2}{3}$야.

민수: 자연수 부분이 3이고 분모가 4인 대분수를 모두 찾아볼 거야.

$\left(\ 3\dfrac{1}{4},\ 3\dfrac{2}{4},\ 3\dfrac{3}{4}\ \right)$

5 그림을 보고 가분수를 대분수로 나타내어 보세요.

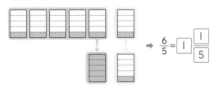

$\Rightarrow \dfrac{6}{5} = 1\dfrac{1}{5}$

6 수 카드 3장을 한 번씩만 사용하여 만들 수 있는 대분수를 모두 써 보세요.

5 7 2

$\left(\ 2\dfrac{5}{7},\ 5\dfrac{2}{7},\ 7\dfrac{2}{5}\ \right)$

▶ 대분수는 자연수와 진분수의 합으로 이루어져 있습니다.

---

4. 분수

대분수를 가분수로, 가분수를 대분수로 나타내기

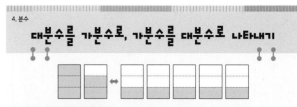

• **대분수를 가분수로 나타내기**

$1\dfrac{2}{3}$ ⇒ 1과 $\dfrac{2}{3}$ ⇒ $\dfrac{3}{3}$과 $\dfrac{2}{3}$ ⇒ $\dfrac{1}{3}$이 5개 ⇒ $\dfrac{5}{3}$

1을 분모가 3인 가분수로 나타내기

• **가분수를 대분수로 나타내기**

$\dfrac{5}{3}$ ⇒ $\dfrac{3}{3}$과 $\dfrac{2}{3}$ ⇒ 1과 $\dfrac{2}{3}$ ⇒ $1\dfrac{2}{3}$

$\dfrac{3}{3}$을 자연수로 나타내기

1 그림을 보고 □ 안에 알맞은 수를 써넣으세요.

① 대분수를 가분수로 나타내어 보세요.

$3\dfrac{1}{2}$ ⇒ 3과 $\dfrac{1}{2}$ ⇒ $\dfrac{6}{2}$와/과 $\dfrac{1}{2}$ ⇒ $\dfrac{1}{2}$이 7개 ⇒ $\dfrac{7}{2}$

② 가분수를 대분수로 나타내어 보세요.

$\dfrac{7}{2}$ ⇒ $\dfrac{6}{2}$과 $\dfrac{1}{2}$ ⇒ 3와/과 $\dfrac{1}{2}$ ⇒ $3\dfrac{1}{2}$

---

2 그림을 보고 대분수를 가분수로 나타내어 보세요.

①
$1\dfrac{5}{6}$ ⇒ $\dfrac{6}{6}$와/과 $\dfrac{5}{6}$ ⇒ $\dfrac{11}{6}$

② $2\dfrac{1}{4}$ ⇒ $\dfrac{8}{4}$와/과 $\dfrac{1}{4}$ ⇒ $\dfrac{9}{4}$

3 그림을 보고 가분수를 대분수로 나타내어 보세요.

① $\dfrac{5}{4}$ ⇒ $\dfrac{4}{4}$와/과 $\dfrac{1}{4}$ ⇒ $1\dfrac{1}{4}$

② $\dfrac{8}{3}$ ⇒ $\dfrac{6}{3}$와/과 $\dfrac{2}{3}$ ⇒ $2\dfrac{2}{3}$

4 대분수는 가분수로, 가분수는 대분수로 나타내어 보세요.

① $1\dfrac{1}{3} = \dfrac{4}{3}$

② $2\dfrac{1}{5} = \dfrac{11}{5}$

③ $\dfrac{6}{5} = 1\dfrac{1}{5}$

④ $\dfrac{15}{7} = 2\dfrac{1}{7}$

5 수 카드 9, 2, 11 중 2장을 골라 가분수를 하나 만들고, 만든 가분수를 대분수로 나타내어 보세요.

예 $\dfrac{9}{2}$ ⇒ $4\dfrac{1}{2}$

▶ $\dfrac{11}{2} = 5\dfrac{1}{2}$ 또는 $\dfrac{11}{9} = 1\dfrac{2}{9}$ 로 나타낼 수 있습니다.

---

4. 분수

분모가 같은 분수의 크기 비교하기

분모가 같은 진분수, 가분수끼리의 크기 비교

• 분자의 크기가 큰 분수가 더 큽니다.

$$\dfrac{2}{4} < \dfrac{3}{4} \qquad \dfrac{5}{3} < \dfrac{8}{3}$$

분모가 같은 대분수끼리의 크기 비교

• 먼저 자연수의 크기를 비교하여 자연수가 큰 분수가 더 큽니다.
• 자연수의 크기가 같으면 분자의 크기가 큰 분수가 더 큽니다.

$$2\dfrac{1}{3} > 1\dfrac{2}{3} \qquad 1\dfrac{1}{5} < 1\dfrac{4}{5}$$

분모가 같은 가분수와 대분수의 크기 비교

• 가분수 또는 대분수로 나타내어 분수의 크기를 비교합니다.

$2\dfrac{1}{2}$과 $\dfrac{7}{2}$의 비교 ⇒ $\dfrac{5}{2} < \dfrac{7}{2}$　　$2\dfrac{1}{2}$과 $\dfrac{7}{2}$의 비교 ⇒ $2\dfrac{1}{2} < 3\dfrac{1}{2}$

대분수 → 가분수　　　　　　가분수 → 대분수

1 그림을 보고 분수의 크기를 비교하여 ○ 안에 >, =, <를 알맞게 써넣으세요.

① $\dfrac{5}{4}$ (<) $\dfrac{7}{4}$

② $2\dfrac{1}{3}$ (>) $1\dfrac{2}{3}$

③ $2\dfrac{2}{4}$ (>) $2\dfrac{1}{4}$

2 가분수를 대분수로 나타내어 분수의 크기를 비교하려고 합니다. □ 안에 알맞은 수나 말을 써넣고, ○ 안에 >, =, <를 알맞게 써넣으세요.

$$\frac{10}{6} \;\boxed{<}\; 2\frac{1}{6}$$

➡ $\frac{10}{6}$ 을 대분수로 나타내면 $1\frac{4}{6}$ 이므로 두 수의 크기를 비교하면

$\frac{10}{6}$ 은 $2\frac{1}{6}$ 보다 **작습니다**.

3 분수의 크기를 비교하여 ○ 안에 >, =, <를 알맞게 써넣으세요.

① $\frac{9}{8} \;\boxed{>}\; \frac{3}{8}$ ② $1\frac{1}{5} \;\boxed{<}\; 2\frac{3}{5}$

③ $\frac{8}{3} \;\boxed{<}\; 3\frac{1}{3}$ ④ $1\frac{1}{2} \;\boxed{<}\; \frac{5}{2}$

4 가장 큰 분수에 ○표, 가장 작은 분수에 △표 하세요.

$1\frac{7}{9}$ $\triangle\frac{13}{9}$ $\frac{6}{9}$ ○$\frac{20}{9}$

► $1\frac{7}{9} = \frac{16}{9}$

5 2보다 크고 3보다 작은 분수를 모두 찾아 ○표 하세요.

○$2\frac{4}{5}$ ○$\frac{11}{5}$ $\frac{6}{5}$ $\frac{2}{5}$

► $\frac{11}{5} = 2\frac{1}{5}$, $\frac{6}{5} = 1\frac{1}{5}$

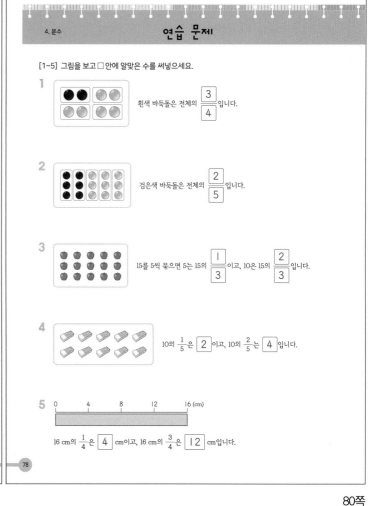

4. 분수 **연습 문제**

[1~5] 그림을 보고 □ 안에 알맞은 수를 써넣으세요.

1 흰색 바둑돌은 전체의 $\frac{3}{4}$ 입니다.

2 검은색 바둑돌은 전체의 $\frac{2}{5}$ 입니다.

3 15를 5씩 묶으면 5는 15의 $\frac{1}{3}$ 이고, 10은 15의 $\frac{2}{3}$ 입니다.

4 10의 $\frac{1}{5}$ 은 2 이고, 10의 $\frac{2}{5}$ 는 4 입니다.

5 16 cm의 $\frac{1}{4}$ 은 4 cm이고, 16 cm의 $\frac{3}{4}$ 은 12 cm입니다.

---

6 진분수를 모두 찾아 ○표 하세요.

○$\frac{1}{5}$ $\frac{6}{4}$ ○$\frac{5}{7}$ $\frac{5}{2}$ ○$\frac{10}{13}$

7 가분수를 모두 찾아 ○표 하세요.

○$\frac{4}{3}$ $\frac{8}{15}$ ○$\frac{9}{9}$ ○$\frac{8}{4}$ $\frac{9}{12}$

8 대분수를 모두 찾아 ○표 하세요.

○$6\frac{4}{5}$ $\frac{3}{7}$ $\frac{1}{8}$ ○$2\frac{4}{9}$ ○$1\frac{7}{11}$ $\frac{12}{25}$ ○$1\frac{4}{8}$ $\frac{5}{6}$

[9~10] 대분수를 가분수로 나타내어 보세요.

9 $5\frac{1}{6} = \frac{31}{6}$

10 $3\frac{2}{5} = \frac{17}{5}$

[11~12] 가분수를 대분수로 나타내어 보세요.

11 $\frac{16}{7} = 2\frac{2}{7}$

12 $\frac{21}{4} = 5\frac{1}{4}$

[13~16] 두 분수의 크기를 비교하여 ○ 안에 >, =, <를 알맞게 써넣으세요.

13 $\frac{13}{5} \;\boxed{>}\; \frac{9}{5}$

14 $5\frac{2}{4} \;\boxed{<}\; 6\frac{3}{4}$

15 $\frac{21}{6} \;\boxed{<}\; 4\frac{1}{6}$

16 $4\frac{2}{9} \;\boxed{>}\; \frac{30}{9}$

---

4. 분수 **단원 평가**

1 그림을 보고 □ 안에 알맞은 수를 써넣으세요.

① 빨간 구슬은 전체 5 묶음 중에서 1 묶음이므로 전체의 $\frac{1}{5}$ 입니다.

② 노란 구슬은 전체 5 묶음 중에서 4 묶음이므로 전체의 $\frac{4}{5}$ 입니다.

2 □ 안에 알맞은 수를 써넣으세요.

6의 $\frac{1}{2}$ 은 3 이고, 6의 $\frac{2}{3}$ 는 4 입니다.

3 노란색 끈의 길이는 15 m의 $\frac{2}{3}$ 이고, 초록색 끈의 길이는 15 m의 $\frac{3}{5}$ 입니다. □ 안에 알맞은 수나 말을 써넣으세요.

노란색 끈은 15 m의 $\frac{2}{3}$ 이므로 10 m이고, 초록색 끈은 15 m의 $\frac{3}{5}$ 이므로 9 m입니다.

따라서 **노란** 색 끈이 1 m 더 깁니다.

4 분수를 수직선에 ●로 나타내어 보세요.

$\frac{2}{6}, \frac{6}{6}, \frac{9}{6}, \frac{11}{6}$

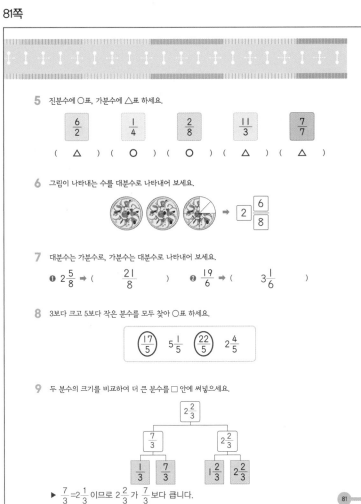

5 진분수에 ○표, 가분수에 △표 하세요.

$\frac{6}{2}$　$\frac{1}{4}$　$\frac{2}{8}$　$\frac{11}{3}$　$\frac{7}{7}$

(△)　(○)　(○)　(△)　(△)

6 그림이 나타내는 수를 대분수로 나타내어 보세요.

→ $2\frac{6}{8}$

7 대분수는 가분수로, 가분수는 대분수로 나타내어 보세요.

❶ $2\frac{5}{8}$ → ($\frac{21}{8}$)　❷ $\frac{19}{6}$ → ($3\frac{1}{6}$)

8 3보다 크고 5보다 작은 분수를 모두 찾아 ○표 하세요.

$\frac{17}{5}$　$5\frac{1}{5}$　$\frac{22}{5}$　$2\frac{4}{5}$

(○표: $\frac{17}{5}$, $\frac{22}{5}$)

9 두 분수의 크기를 비교하여 더 큰 분수를 □ 안에 써넣으세요.

$2\frac{2}{3}$

$\frac{7}{3}$　$2\frac{2}{3}$

$\frac{1}{3}$　$\frac{7}{3}$　$1\frac{2}{3}$　$2\frac{2}{3}$

▶ $\frac{7}{3}=2\frac{1}{3}$ 이므로 $2\frac{2}{3}$ 가 $\frac{7}{3}$ 보다 큽니다.

---

4. 분수　**실력 키우기**

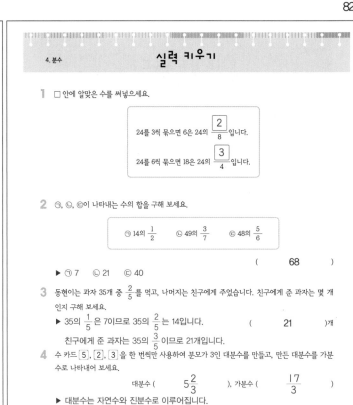

1 □ 안에 알맞은 수를 써넣으세요.

24를 3씩 묶으면 6은 24의 $\frac{2}{8}$ 입니다.

24를 6씩 묶으면 18은 24의 $\frac{3}{4}$ 입니다.

2 ㉠, ㉡, ㉢이 나타내는 수의 합을 구해 보세요.

㉠ 14의 $\frac{1}{2}$　㉡ 49의 $\frac{3}{7}$　㉢ 48의 $\frac{5}{6}$

(68)

▶ ㉠ 7　㉡ 21　㉢ 40

3 동현이는 과자 35개 중 $\frac{2}{5}$ 를 먹고, 나머지는 친구에게 주었습니다. 친구에게 준 과자는 몇 개인지 구해 보세요.

▶ 35의 $\frac{1}{5}$ 은 7이므로 35의 $\frac{2}{5}$ 는 14입니다.　(21)개
친구에게 준 과자는 35의 $\frac{3}{5}$ 이므로 21개입니다.

4 수 카드 5, 2, 3 을 한 번씩만 사용하여 분모가 3인 대분수를 만들고, 만든 대분수를 가분수로 나타내어 보세요.

대분수 ($5\frac{2}{3}$), 가분수 ($\frac{17}{3}$)

▶ 대분수는 자연수와 진분수로 이루어집니다.

5 □ 안에 들어갈 수 있는 자연수를 모두 써 보세요.

$3\frac{3}{7} < \frac{\square}{7} < \frac{29}{7}$

(25, 26, 27, 28)

▶ 가분수로 나타내면 $\frac{24}{7} < \frac{\square}{7} < \frac{29}{7}$ 이므로 □ 안에 들어갈 수 있는 수는 24보다 크고 29보다 작은 수입니다.

---

5. 들이와 무게

들이 비교하기

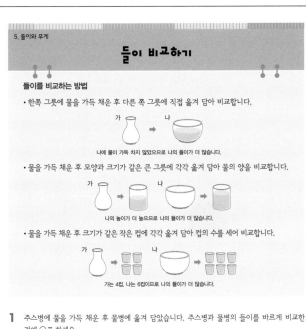

들이를 비교하는 방법

• 한쪽 그릇에 물을 가득 채운 후 다른 쪽 그릇에 직접 옮겨 담아 비교합니다.

가 → 나

나에 물이 가득 차지 않았으므로 나의 들이가 더 많습니다.

• 물을 가득 채운 후 모양과 크기가 같은 큰 그릇에 각각 옮겨 담아 물의 양을 비교합니다.

가　나

나의 높이가 더 높으므로 나의 들이가 더 많습니다.

• 물을 가득 채운 후 크기가 같은 작은 컵에 각각 옮겨 담아 컵의 수를 세어 비교합니다.

가　나

가는 4컵, 나는 6컵이므로 나의 들이가 더 많습니다.

1 주스병에 물을 가득 채운 후 물병에 옮겨 담았습니다. 주스병과 물병의 들이를 바르게 비교한 것에 ○표 하세요.

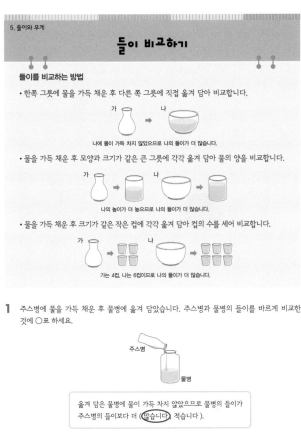

주스병

물병

옮겨 담은 물병에 물이 가득 차지 않았으므로 물병의 들이가 주스병의 들이보다 더 (많습니다 , 적습니다).
(○표: 많습니다)

2 가, 나, 다에 물을 가득 채운 후 모양과 크기가 같은 그릇에 옮겨 담았습니다. 들이가 가장 많은 것부터 순서대로 기호를 써 보세요.

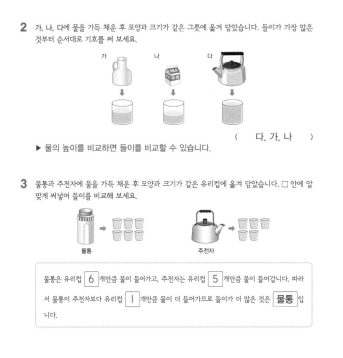

가　나　다

(다, 가, 나)

▶ 물의 높이를 비교하면 들이를 비교할 수 있습니다.

3 물통과 주전자에 물을 가득 채운 후 모양과 크기가 같은 유리컵에 옮겨 담았습니다. □ 안에 알맞게 써넣어 들이를 비교해 보세요.

물통 →

주전자 →

물통은 유리컵 6 개만큼 물이 들어가고, 주전자는 유리컵 5 개만큼 물이 들어갑니다. 따라서 물통이 주전자보다 유리컵 1 개만큼 물이 더 들어가므로 들이가 더 많은 것은 물통 입니다.

4 그릇에 물을 가득 채우려면 가, 나, 다 컵으로 다음과 같이 각각 부어야 합니다. 들이가 가장 많은 컵과 가장 적은 컵은 어느 것인지 구해 보세요.

컵	가	나	다
그릇에 부은 횟수(번)	2	6	10

들이가 가장 많은 컵: 가 , 들이가 가장 적은 컵: 다

▶ 그릇에 물을 채우는 데 '다' 컵으로 10번 부어야 하므로 '다' 컵의 들이가 가장 적습니다.

들이의 단위 알아보기

5. 들이와 무게

- 들이의 단위에는 리터와 밀리리터 등이 있습니다.
- 1 리터는 1 L, 1 밀리리터는 1 mL라고 씁니다.
- 1 리터는 1000 밀리리터와 같습니다.

$$1 L = 1000 mL$$

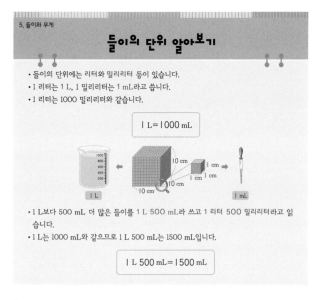

| 1 L | | 1 mL |

- 1 L보다 500 mL 더 많은 들이를 1 L 500 mL라 쓰고 1 리터 500 밀리리터라고 읽습니다.
- 1 L는 1000 mL와 같으므로 1 L 500 mL는 1500 mL입니다.

$$1 L 500 mL = 1500 mL$$

1 주어진 들이를 쓰고 읽어 보세요.

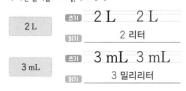

| 2 L | 쓰기 | 2 L   2 L |
| | 읽기 | 2 리터 |

| 3 mL | 쓰기 | 3 mL 3 mL |
| | 읽기 | 3 밀리리터 |

2 □ 안에 알맞게 써넣으세요.

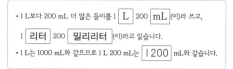

- 1 L보다 200 mL 더 많은 들이를 1 L 200 mL (이)라 쓰고,
1 리터 200 밀리리터 (이)라고 읽습니다.
- 1 L는 1000 mL와 같으므로 1 L 200 mL는 1200 mL와 같습니다.

3 물의 양이 얼마인지 눈금을 읽고 □ 안에 알맞은 수를 써넣으세요.

❶ 3 L

❷ 800 mL

4 □ 안에 알맞은 수를 써넣으세요.

❶ 5 L = 5000 mL
❷ 3000 mL = 3 L
❸ 1800 mL = 1 L 800 mL
❹ 4 L 350 mL = 4350 mL

5 들이가 적은 것부터 순서대로 기호를 써 보세요.

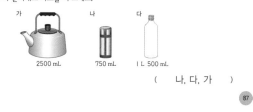

가 2500 mL   나 750 mL   다 1 L 500 mL

(나, 다, 가)

---

5. 들이와 무게

들이를 어림하고 재어 보기

- 들이를 어림하여 말할 때는 약 □ L 또는 약 □ mL라고 합니다.

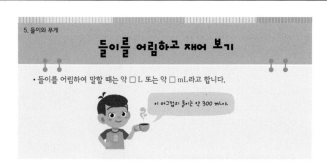

이 머그컵의 들이는 약 300 mL야.

1 □ 안에 알맞은 말을 써넣으세요.

우유갑의 들이를 어림하면 약 1 L입니다.

2 □ 안에 L와 mL 중에서 알맞은 단위를 써넣으세요.

- 냄비의 들이는 약 3 L 입니다.
- 세제 통의 들이는 약 2 L 입니다.
- 음료수 캔의 들이는 약 250 mL 입니다.
- 화장품 통의 들이는 약 50 mL 입니다.

3 보기에서 알맞은 물건을 선택하여 문장을 완성해 보세요.

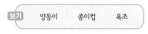

보기   양동이   종이컵   욕조

❶ 욕조 의 들이는 약 300 L입니다.
❷ 양동이 의 들이는 약 3 L입니다.
❸ 종이컵 의 들이는 약 120 mL입니다.

4 들이의 단위를 mL로 나타내기에 알맞은 것을 모두 찾아 기호를 써 보세요.

㉠ 수조의 들이
㉡ 주사기의 들이
㉢ 요구르트병의 들이
㉣ 물탱크의 들이

(㉡, ㉢)

5 냄비에 물을 가득 채운 후 비커에 모두 옮겨 담았습니다. 냄비의 들이는 몇 mL인지 써 보세요.

(2300) mL

6 대화를 보고 잘못 말한 사람의 이름을 써 보세요.

현지 : 주사기의 들이는 약 10 mL야.
규진 : 주스병은 1 L 우유갑과 들이가 비슷할 것 같아. 주스병의 들이는 약 100 mL야.
주호 : 물병에 물이 200 mL 우유갑으로 5번 들어갈 것 같아. 물병의 들이는 약 1 L야.

(규진)

▶ 1 L=1000 mL

5. 들이와 무게

들이의 덧셈과 뺄셈 계산하기

- 들이의 덧셈을 계산할 때 L는 L끼리 더하고, mL는 mL끼리 더합니다.

$$
\begin{array}{r}
1\ \text{L}\ 200\ \text{mL} \\
+\ 3\ \text{L}\ 400\ \text{mL} \\
\hline
4\ \text{L}\ 600\ \text{mL}
\end{array}
$$

- 들이의 뺄셈을 계산할 때 L는 L끼리 빼고, mL는 mL끼리 뺍니다.

$$
\begin{array}{r}
3\ \text{L}\ 400\ \text{mL} \\
-\ 1\ \text{L}\ 200\ \text{mL} \\
\hline
2\ \text{L}\ 200\ \text{mL}
\end{array}
$$

1 그림을 보고 들이의 덧셈을 계산해 보세요.

2 L 300 mL + 1 L 500 mL = $\boxed{3}$ L $\boxed{800}$ mL

2 그림을 보고 들이의 뺄셈을 계산해 보세요.

3 L 500 mL − 1 L 200 mL = $\boxed{2}$ L $\boxed{300}$ mL

3 계산해 보세요.

❶ 3000 mL + 1500 mL = $\boxed{4500}$ mL = $\boxed{4}$ L $\boxed{500}$ mL

❷ 5500 mL − 2000 mL = $\boxed{3500}$ mL = $\boxed{3}$ L $\boxed{500}$ mL

4 들이의 덧셈을 계산해 보세요.

❶
$$
\begin{array}{r}
4\ \text{L}\ 700\ \text{mL} \\
+\ 3\ \text{L}\ 200\ \text{mL} \\
\hline
\boxed{7}\ \text{L}\ \boxed{900}\ \text{mL}
\end{array}
$$

❷
$$
\begin{array}{r}
2\ \text{L}\ 500\ \text{mL} \\
+\ 6\ \text{L}\ 900\ \text{mL} \\
\hline
\boxed{9}\ \text{L}\ \boxed{400}\ \text{mL}
\end{array}
$$

▶ 1000 mL=1 L이므로 1400 mL의 1000 mL를 1 L로 받아올림합니다.

5 들이의 뺄셈을 계산해 보세요.

❶
$$
\begin{array}{r}
6\ \text{L}\ 200\ \text{mL} \\
-\ 5\ \text{L}\ 100\ \text{mL} \\
\hline
\boxed{1}\ \text{L}\ \boxed{100}\ \text{mL}
\end{array}
$$

❷
$$
\begin{array}{r}
7\ \text{L}\ 200\ \text{mL} \\
-\ 2\ \text{L}\ 500\ \text{mL} \\
\hline
\boxed{4}\ \text{L}\ \boxed{700}\ \text{mL}
\end{array}
$$

▶ 7 L에서 1 L를 받아내림하여 1200 mL에서 500 mL를 뺍니다.

6 여러 가지 그릇의 들이를 보고 물음에 답하세요.

그릇	 가	나	다
들이	1 L 600 mL	3 L 400 mL	3800 mL

❶ 가 그릇과 나 그릇의 들이의 합은 몇 L인지 식을 쓰고 답을 구해 보세요.

식 1 L 600 mL + 3 L 400 mL = 5 L   답 $\boxed{5}$ L

❷ 가 그릇과 나 그릇의 들이의 차는 몇 L 몇 mL인지 식을 쓰고 답을 구해 보세요.

식 3 L 400 mL − 1 L 600 mL = 1 L 800 mL   답 $\boxed{1}$ L $\boxed{800}$ mL

❸ 가, 나, 다 그릇의 들이의 합은 모두 몇 L 몇 mL인지 식을 쓰고 답을 구해 보세요.

식 1 L 600 mL + 3 L 400 mL + 3 L 800 mL = 8 L 800 mL   답 $\boxed{8}$ L $\boxed{800}$ mL

---

5. 들이와 무게

무게 비교하기

무게를 비교하는 방법

- 양손에 각각 물건을 들어 무게를 비교합니다.
- 윗접시저울을 사용하여 무게를 비교합니다.

 ➡ 가위가 풀보다 더 무겁습니다.

> 가위가 풀보다 얼마나 더 무거운지 정확하게 알 수는 없습니다.

- 윗접시저울과 바둑돌, 공깃돌과 같은 단위를 사용하여 무게를 비교합니다.

 10개   5개   ➡ 가위가 풀보다 바둑돌 5개만큼 더 무겁습니다.

1 가장 가벼운 것에 ○표, 가장 무거운 것에 △표 하세요.

(△)   (　)   (○)

2 저울로 호박과 당근의 무게를 비교하려고 합니다. 어느 것이 더 무거운지 써 보세요.

당근   호박

(호박)

3 그림을 보고 물음에 답하세요.

야구공 농구공   야구공 탁구공

❶ 농구공과 야구공 중에서 어느 것이 더 무거운지 써 보세요.

(농구공)

❷ 야구공과 탁구공 중에서 어느 것이 더 무거운지 써 보세요.

(야구공)

❸ 가장 무거운 공은 무엇인지 써 보세요.

(농구공)

4 바둑돌을 사용하여 무게를 비교하려고 합니다. 어느 것이 더 무거운지 □ 안에 알맞게 써넣으세요.

수첩 20개   색연필 15개

➡ $\boxed{수첩}$ 이 바둑돌 $\boxed{5}$ 개만큼 더 무겁습니다.

5 저울과 추를 사용하여 풀과 필통의 무게를 비교하려고 합니다. 풀 1개와 필통 1개 중에서 어느 것이 더 무거운지 써 보세요.

풀 4개   4개 필통

(필통)

▶ 풀 4개와 추 4개의 무게가 같으므로 풀 1개의 무게는 추 1개의 무게와 같습니다.

5. 들이와 무게
무게의 단위 알아보기

- 무게의 단위에는 킬로그램과 그램 등이 있습니다.
- 1 킬로그램은 1 kg, 1 그램은 1 g이라고 씁니다.
- 1 킬로그램은 1000 그램과 같습니다.

$$1 \text{ kg} = 1000 \text{ g}$$

- 1 kg보다 300 g 더 무거운 무게를 1 kg 300 g이라 쓰고 1 킬로그램 300 그램이라고 읽습니다.
- 1 kg은 1000 g과 같으므로 1 kg 300 g은 1300 g입니다.

$$1 \text{ kg } 300 \text{ g} = 1300 \text{ g}$$

- 1000 kg의 무게를 1 t이라 쓰고, 1 톤이라고 읽습니다.
- 1 톤은 1000 킬로그램과 같습니다.

$$1 \text{ t} = 1000 \text{ kg}$$

1 무게를 쓰고, 읽어 보세요.

❶ 3 kg
쓰기 3 kg 3 kg
읽기 3 킬로그램

❷ 1 kg 400 g
쓰기 1 kg 400 g 1 kg 400 g
읽기 1 킬로그램 400 그램

❸ 5 t
쓰기 5 t 5 t
읽기 5 톤

2 □ 안에 알맞은 수를 써넣으세요.

❶ 2 kg보다 300 g 더 무거운 무게 ➡ 2 kg 300 g

❷ 500 kg보다 500 kg 더 무거운 무게 ➡ 1 t

3 □ 안에 알맞은 수를 써넣으세요.

❶ 6 kg = 6000 g
❷ 2 kg 850 g = 2850 g
❸ 5000 g = 5 kg
❹ 3200 g = 3 kg 200 g
❺ 7000 kg = 7 t
❻ 8 t = 8000 kg

4 그림을 보고 무게를 나타내어 보세요.

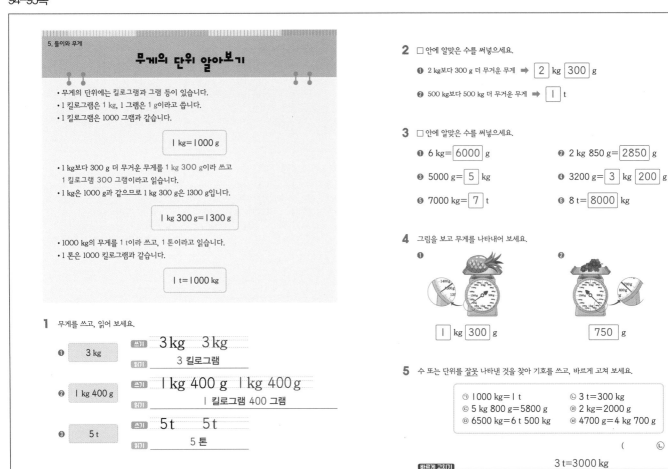

❶ 1 kg 300 g

❷ 750 g

5 수 또는 단위를 잘못 나타낸 것을 찾아 기호를 쓰고, 바르게 고쳐 보세요.

㉠ 1000 kg = 1 t	㉡ 3 t = 300 kg
㉢ 5 kg 800 g = 5800 g	㉣ 2 kg = 2000 g
㉤ 6500 kg = 6 t 500 kg	㉥ 4700 g = 4 kg 700 g

(㉡)

바르게 고치기 ____ 3 t = 3000 kg

5. 들이와 무게
무게를 어림하고 재어 보기

- 무게를 어림하여 말할 때는 약 □ t, 약 □ kg, 약 □ g이라고 말합니다.

이 책의 무게는 약 500 g이야.

1 □ 안에 알맞은 말을 써넣으세요.

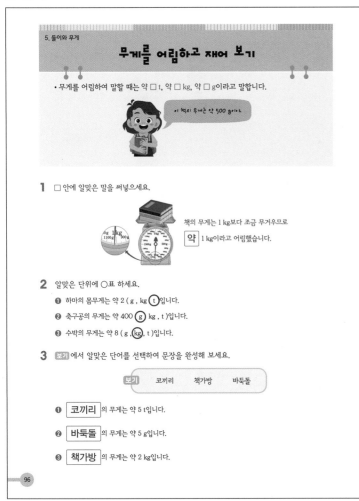

책의 무게는 1 kg보다 조금 무거우므로 **약** 1 kg이라고 어림했습니다.

2 알맞은 단위에 ○표 하세요.

❶ 하마의 몸무게는 약 2 (g , kg , ⓣ)입니다.
❷ 축구공의 무게는 약 400 (ⓖ , kg , t)입니다.
❸ 수박의 무게는 약 8 (g , ⓚⓖ , t)입니다.

3 보기 에서 알맞은 단어를 선택하여 문장을 완성해 보세요.

보기 코끼리   책가방   바둑돌

❶ 코끼리 의 무게는 약 5 t입니다.
❷ 바둑돌 의 무게는 약 5 g입니다.
❸ 책가방 의 무게는 약 2 kg입니다.

4 사과 한 개의 무게가 약 200 g입니다. 사과 한 봉지가 1 kg이라면 사과가 몇 개 들어 있을지 써 보세요.

(5)개

5 냉장고의 무게를 가장 가깝게 어림한 것에 ○표 하세요.

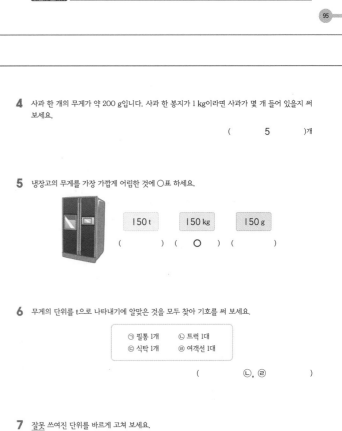

150 t 150 kg 150 g

( ) (○) ( )

6 무게의 단위를 t으로 나타내기에 알맞은 것을 모두 찾아 기호를 써 보세요.

㉠ 필통 1개	㉡ 트럭 1대
㉢ 식탁 1개	㉣ 여객선 1대

(㉡, ㉣)

7 잘못 쓰여진 단위를 바르게 고쳐 보세요.

자전거의 무게는 약 8 g이야.

바르게 고친 문장 ____ 자전거의 무게는 약 8 kg이야.

5. 들이와 무게

무게의 덧셈과 뺄셈 계산하기

- 무게의 덧셈을 계산할 때 kg은 kg끼리 더하고, g은 g끼리 더합니다.

```
    1 kg  200 g
+   3 kg  400 g
    4 kg  600 g
```

- 무게의 뺄셈을 계산할 때 kg은 kg끼리 빼고, g은 g끼리 뺍니다.

```
    3 kg  400 g
−   1 kg  200 g
    2 kg  200 g
```

1 그림을 보고 무게의 덧셈을 계산해 보세요.

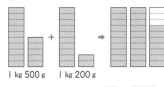

1 kg 500 g + 1 kg 200 g

1 kg 500 g + 1 kg 200 g = 2 kg 700 g

2 귤이 담긴 바구니의 무게는 5 kg 800 g이고, 빈 바구니의 무게는 1 kg 500 g입니다. 귤의 무게는 얼마인지 구해 보세요.

5 kg 800 g − 1 kg 500 g = 4 kg 300 g

3 무게의 덧셈을 계산해 보세요.

❶
```
    1 kg  500 g
+   3 kg  200 g
    4 kg  700 g
```

❷
```
    4 kg  700 g
+   2 kg  600 g
    7 kg  300 g
```

4 무게의 뺄셈을 계산해 보세요.

❶
```
    6 kg  800 g
−   2 kg  400 g
    4 kg  400 g
```

❷
```
    8 kg  300 g
−   6 kg  700 g
    1 kg  600 g
```

5 더 무거운 것에 ○표 하세요.

1 kg 600 g+3 kg 300 g	6 kg 300 g−2 kg
(○)	( )

▶ 1 kg 600 g+3 kg 300 g=4 kg 900 g, 6 kg 300 g−2 kg=4 kg 300 g

6 누나의 몸무게는 45 kg 700 g이고, 동생은 누나보다 11 kg 400 g만큼 더 가볍습니다. 동생의 몸무게는 몇 kg 몇 g인지 식을 쓰고 답을 구해 보세요.

식 45 kg 700 g − 11 kg 400 g = 34 kg 300 g   답 34 kg 300 g

7 무게가 1 kg인 가방에 무게가 900 g인 책 1권과 500 g인 물통을 1개 넣었습니다. 책과 물통을 넣은 가방의 무게는 몇 kg 몇 g인지 식을 쓰고 답을 구해 보세요.

식 1 kg+900 g+500 g=2 kg 400 g   답 2 kg 400 g

---

5. 들이와 무게

연습 문제1

[1~10] □ 안에 알맞은 수를 써넣으세요.

1 4 L= 4000 mL

2 7000 mL= 7 L

3 5 L= 5000 mL

4 9000 mL= 9 L

5 10 L= 10000 mL

6 15000 mL= 15 L

7 7 L 820 mL= 7820 mL

8 5500 mL= 5 L 500 mL

9 3 L 750 mL= 3750 mL

10 4080 mL= 4 L 80 mL

[11~16] 계산해 보세요.

11
```
    1 L  300 mL
+   3 L  400 mL
    4 L  700 mL
```

12
```
    6 L  900 mL
−   3 L  400 mL
    3 L  500 mL
```

13
```
    5 L  650 mL
+   2 L  250 mL
    7 L  900 mL
```

14
```
   10 L  800 mL
−   7 L  200 mL
    3 L  600 mL
```

15
```
    4 L  500 mL
+   1 L  800 mL
    6 L  300 mL
```

16
```
    4 L  100 mL
−   2 L  900 mL
    1 L  200 mL
```

[17~26] □ 안에 알맞은 수를 써넣으세요.

17 5 kg= 5000 g

18 6000 g= 6 kg

19 10 kg= 10000 g

20 15000 g= 15 kg

21 15 kg= 15000 g

22 24000 g= 24 kg

23 3 kg 400 g= 3400 g

24 2500 g= 2 kg 500 g

25 8 kg 20 g= 8020 g

26 14500 g= 14 kg 500 g

[27~32] 계산해 보세요.

27
```
    3 kg  200 g
+   1 kg  500 g
    4 kg  700 g
```

28
```
    5 kg  900 g
−   4 kg  600 g
    1 kg  300 g
```

29
```
   10 kg  300 g
+   1 kg  400 g
   11 kg  700 g
```

30
```
    9 kg  700 g
−   2 kg  100 g
    7 kg  600 g
```

31
```
   13 kg  800 g
+   2 kg  550 g
   16 kg  350 g
```

32
```
   18 kg  200 g
−   6 kg  600 g
   11 kg  600 g
```

5. 들이와 무게 단원 평가

1 그릇의 들이가 많은 것부터 순서대로 기호를 써 보세요.

(㉢, ㉠, ㉡)

2 무게가 가벼운 것부터 순서대로 써 보세요.

(사과, 배, 멜론)

3 그림을 보고 눈금을 읽어 보세요.

❶

800 mL

❷

1700 g

4 □ 안에 알맞은 수를 써넣으세요.

❶ 1 L = 1000 mL

❷ 3 L 600 mL = 3600 mL

❸ 5 kg = 5000 g

❹ 7200 g = 7 kg 200 g

❺ 5 t = 5000 kg

❻ 4800 kg = 4 t 800 kg

5 보기에서 알맞은 단위를 선택하여 문장을 완성해 보세요.

보기 L   mL   kg   g   t

❶ 주전자의 들이는 약 2 L 입니다.

❷ 책가방의 무게는 약 3 kg 입니다.

❸ 삼푸통의 들이는 약 500 mL 입니다.

6 계산 결과를 비교하여 ○ 안에 >, =, <를 알맞게 써넣으세요.

❶ 4 L 800 mL + 1 L 500 mL (>) 8 L 500 mL − 3 L 500 mL
▶ 4 L 800 mL + 1 L 500 mL = 6 L 300 mL, 8 L 500 mL − 3 L 500 mL = 5 L

❷ 4 kg 400 g + 2 kg 100 g (=) 10 kg 300 g − 3 kg 800 g
▶ 4 kg 400 g + 2 kg 100 g = 6 kg 500 g, 10 kg 300 g − 3 kg 800 g = 6 kg 500 g

7 세진이는 우유를 어제는 1500 mL 마셨고, 오늘은 800 mL 마셨습니다. 세진이가 이틀 동안 마신 우유는 모두 몇 L 몇 mL인지 식을 쓰고 답을 구해 보세요.

식 1500 mL + 800 mL
=2300 mL = 2 L 300 mL

답 2 L 300 mL

8 수현이가 작년에 잰 몸무게는 35 kg 500 g이었고, 올해 잰 몸무게는 39 kg 200 g입니다. 수현이의 몸무게가 몇 kg 몇 g 늘었는지 식을 쓰고 답을 구해 보세요.

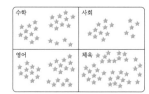
작년   올해

식 39 kg 200 g − 35 kg 500 g = 3 kg 700 g

답 3 kg 700 g

---

5. 들이와 무게 실력 키우기

1 수조에 물을 가득 채우려면 가, 나, 다 컵으로 다음과 같이 각각 부어야 합니다. 들이가 많은 컵부터 순서대로 기호를 써 보세요.

컵	가	나	다
수조에 부은 횟수(번)	8	3	5

(나, 다, 가)

▶ 컵의 들이가 크면 적은 횟수로 수조에 물을 가득 채울 수 있습니다.

2 들이가 4600 mL인 양동이에 3 L 700 mL만큼 물이 들어 있습니다. 물을 얼마나 더 부어야 넘치지 않고 양동이를 가득 채울 수 있는지 구해 보세요.

(900) mL

▶ 4600 mL − 3700 mL = 900 mL

3 코끼리의 무게는 약 5 t이고, 강아지의 무게는 약 5 kg입니다. 코끼리의 무게는 강아지의 무게의 약 몇 배인지 풀이 과정을 쓰고 답을 구해 보세요.

풀이 5 t = 5000 kg이고, 5000 kg = 5 kg × 1000이므로 1000배입니다.

답 1000 배

4 저울로 배추, 호박, 감자의 무게를 비교하였더니 다음과 같았습니다. 배추 1개의 무게가 약 1 kg일 때, 감자 1개의 무게는 약 몇 g인지 어림해 보세요.

배추 1개   호박 2개   호박 1개   감자 5개

약 (100) g

▶ 호박 2개의 무게는 약 1 kg이므로 호박 1개는 약 500 g입니다.
감자 5개의 무게는 약 500 g이므로 감자 1개는 약 100 g입니다.

---

6. 자료의 정리 표를 보고 내용 알아보기

• 조사한 내용을 수로 나타내어 정리한 것을 표라고 합니다.
• 조사하여 나타낸 표를 보고 수가 가장 많은 항목, 수가 가장 적은 항목, 조사한 수의 합계 등을 알 수 있습니다.

태어난 계절별 학생 수

계절	봄	여름	가을	겨울	합계
학생 수(명)	24	18	12	6	60

[1~3] 희망초등학교 3학년 학생들이 좋아하는 과목을 조사하여 표로 나타내었습니다. 물음에 답하세요.

수학   사회
영어   체육

좋아하는 과목별 학생 수

과목	수학	사회	영어	체육	합계
학생 수(명)	24	15	26	35	100

1 가장 많은 학생들이 좋아하는 과목은 무엇인지 써 보세요.

(체육)

2 가장 적은 학생들이 좋아하는 과목은 무엇인지 써 보세요.

(사회)

3 좋아하는 학생이 가장 많은 과목부터 순서대로 써 보세요.

(체육, 영어, 수학, 사회)

[4~6] 태희네 반 친구들의 혈액형을 조사하여 표로 나타내었습니다. 물음에 답하세요.

혈액형별 학생 수

혈액형	A형	B형	O형	AB형	합계
학생 수(명)	10	12	5	8	35

4 조사한 학생은 모두 몇 명인지 구하여 표를 완성해 보세요.

5 A형인 학생은 O형인 학생보다 몇 명 더 많은지 구해 보세요.

(5)명

6 학생 수가 많은 혈액형부터 순서대로 써 보세요.

(B형, A형, AB형, O형)

[7~9] 사랑초등학교 3학년 학생들이 먹고 싶은 급식 메뉴를 조사하여 표로 나타내었습니다. 물음에 답하세요.

먹고 싶은 급식 메뉴별 학생 수

메뉴	불고기	치킨	짜장면	떡볶이	합계
여학생 수(명)	25	30	25	20	100
남학생 수(명)	30	32	17	21	100

7 표의 빈칸에 알맞은 수를 써넣으세요.

8 짜장면을 좋아하는 학생은 모두 몇 명인지 구해 보세요.

(42)명

9 가장 많은 학생들이 먹고 싶은 급식 메뉴는 무엇인지 써 보세요.

(치킨)

---

6. 자료의 정리

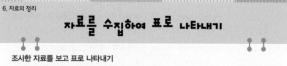

자료를 수집하여 표로 나타내기

조사한 자료를 보고 표로 나타내기

• 자료를 종류별로 분류합니다.
• 종류별로 수를 세어 표로 나타냅니다.

표로 나타낼 때 유의할 점 알아보기

• 조사 항목의 수에 맞게 칸을 나눕니다.
• 조사 내용에 맞게 빈칸을 채우고 합계가 맞는지 확인합니다.
• 조사 내용에 알맞은 제목을 정합니다.

[1~2] 우리 반 학생들이 좋아하는 운동을 조사한 것입니다. 물음에 답하세요

학생들이 좋아하는 운동

⊕ 축구 ● 농구 ╱ 야구 ∇ 배드민턴

1 무엇을 조사한 것인지 써 보세요.

(우리 반 학생들이 좋아하는 운동)

2 조사한 자료를 보고 표로 나타내어 보세요.

좋아하는 운동별 학생 수

운동	축구	농구	야구	배드민턴	합계
학생 수(명)	10	4	6	7	27

[3~6] 현민이네 학교 3학년 학생들이 키우고 싶은 동물을 조사한 것입니다. 물음에 답하세요.

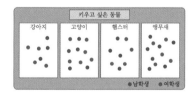

키우고 싶은 동물

강아지 / 고양이 / 햄스터 / 앵무새

● 남학생 ● 여학생

3 자료를 보고 표로 나타내어 보세요.

키우고 싶은 동물별 학생 수

동물	강아지	고양이	햄스터	앵무새	합계
남학생 수(명)	3	5	4	7	19
여학생 수(명)	4	6	4	5	19

4 강아지를 키우고 싶은 여학생은 강아지를 키우고 싶은 남학생보다 몇 명 더 많은지 구해 보세요.

(1)명

5 햄스터를 키우고 싶은 학생은 모두 몇 명인지 구해 보세요.

(8)명

6 학생들이 가장 키우고 싶은 동물부터 순서대로 써 보세요.

(앵무새, 고양이, 햄스터, 강아지)

---

6. 자료의 정리

그림그래프 알아보기

• 알려고 하는 수(조사한 수)를 그림으로 나타낸 그래프를 그림그래프라고 합니다.
• 그림그래프는 조사한 수를 한눈에 쉽게 비교할 수 있습니다.

과수원별 사과 생산량

과수원	사과 생산량(kg)
빨간 과수원	🍎🍎
주황 과수원	🍎🍎🍎🍎🍎🍎
초록 과수원	🍎🍎🍎🍎🍎

🍎 1000 kg
🍎 100 kg

[1~3] 사랑초등학교 3학년 학생들이 좋아하는 운동을 조사하여 그림그래프로 나타내었습니다. 물음에 답하세요.

좋아하는 운동별 학생 수

운동	학생 수
농구	☺☺☺⊙
축구	☺☺☺☺☺☺⊙⊙⊙⊙
야구	☺☺☺☺☺⊙⊙⊙⊙⊙⊙
배드민턴	☺☺☺☺⊙⊙⊙

☺ 10명
⊙ 1명

1 그림 ☺과 ⊙은 각각 몇 명을 나타내는지 써 보세요.

☺ (10)명
⊙ (1)명

2 좋아하는 운동별 학생 수를 각각 써 보세요.

농구: 31 명, 축구: 64 명, 야구: 56 명, 배드민턴: 43 명

3 좋아하는 학생 수가 가장 많은 운동은 무엇인지 써 보세요.

(축구)

[4~8] 희망초등학교 도서관에서 하루 동안 빌려 간 종류별 책의 수를 그림그래프로 나타내었습니다. 물음에 답하세요.

하루 동안 빌려 간 종류별 책의 수

책 종류	책의 수
동화책	
학습 만화	
위인전	
과학책	

10권
1권

4 그림 📕과 📗은 각각 몇 권을 나타내는지 써 보세요.

📕 (10)권
📗 (1)권

5 동화책은 몇 권을 빌려 갔는지 써 보세요.

(31)권

6 학습 만화를 위인전보다 몇 권 더 많이 빌려 갔는지 구해 보세요.

(26)권

▶ 52-26=26

7 하루 동안 가장 많이 빌려 간 책 종류부터 순서대로 써 보세요.

(학습 만화, 동화책, 위인전, 과학책)

8 내가 도서관 관리자라면 새로운 책을 들여올 때 어떤 종류를 더 많이 들여오면 좋을지 설명해 보세요.

설명 | 예 학습 만화를 학생들이 가장 많이 빌리기 때문에 학습 만화를 더 많이 들여옵니다.

6. 자료의 정리

그림그래프로 나타내기

그림그래프로 나타내는 방법

① 단위를 몇 가지로 나타낼 것인지 정합니다.
② 어떤 그림으로 나타내고, 그림으로 정할 단위를 어떻게 할 것인지 생각합니다.
③ 조사한 수에 맞게 그림으로 나타냅니다.
④ 그림그래프에 알맞은 제목을 붙입니다.

[1~2] 원호네 학교 3학년 학생들이 좋아하는 계절을 조사하여 표로 나타내었습니다. 물음에 답하세요.

좋아하는 계절별 학생 수

계절	봄	여름	가을	겨울	합계
학생 수(명)	64	55	30	26	175

1 표를 보고 그림그래프로 나타내려고 합니다. 단위를 ☺과 ☺으로 나타낸다면 각각 몇 명으로 나타내는 것이 좋은지 써 보세요.

☺ (10)명
☺ (1)명

2 표를 보고 그림그래프를 완성해 보세요.

좋아하는 계절별 학생 수

계절	학생 수
봄	
여름	
가을	
겨울	

☺ (10)명
☺ (1)명

[3~5] 어느 젖소 목장에서 일주일 동안 생산한 우유의 양을 구역별로 조사하여 표로 나타내었습니다. 물음에 답하세요.

구역별 우유 생산량

구역	가	나	다	라	합계
생산량(L)	565	861	314	260	2000

3 표를 보고 그림그래프로 나타내려고 합니다. 단위를 ◎, ○, ● 3가지로 나타낸다면 각각 몇 L로 나타내는 것이 좋은지 써 보세요.

◎ (100)L
○ (10)L
● (1)L

4 표를 보고 그림그래프를 완성해 보세요.

구역별 우유 생산량

구역	생산량
가	
나	
다	
라	

◎ 100 L
○ 10 L
● 1 L

5 일주일 동안 우유를 가장 많이 생산한 구역부터 순서대로 써 보세요.

(나, 가, 다, 라)

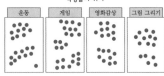

6. 자료의 정리

연습 문제

[1~4] 현지네 학교 3학년 학생들의 취미를 조사하였습니다. 물음에 답하세요.

학생들의 취미

운동	게임	영화감상	그림 그리기

1 자료를 보고 표로 나타내어 보세요.

취미별 학생 수

취미	운동	게임	영화감상	그림 그리기	합계
학생 수(명)	21	25	19	15	80

2 가장 많은 학생들이 가진 취미는 무엇인지 써 보세요.

(게임)

3 가장 적은 학생들이 가진 취미는 무엇인지 써 보세요.

(그림 그리기)

4 취미가 운동인 학생의 수는 취미가 그림 그리기인 학생의 수보다 몇 명 더 많은지 구해 보세요.

(6)명

[5~9] 마을별 쌀 생산량을 조사하여 나타낸 표입니다. 물음에 답하세요.

마을별 쌀 생산량

마을	소망	기쁨	행복	꿈	합계
생산량(kg)	150	200	260	390	1000

5 기쁨마을의 쌀 생산량은 몇 kg인지 구해 보세요.

(200) kg

6 쌀 생산량이 가장 많은 마을을 찾아 써 보세요.

(꿈)마을

7 쌀 생산량이 가장 많은 마을과 가장 적은 마을의 쌀 생산량의 차는 얼마인지 구해 보세요.

(240) kg

8 표를 보고 그림그래프로 나타내려고 합니다. 그림을 ◎과 ○로 정할 때, 각각 몇 kg를 나타내는 것이 좋은지 써 보세요.

◎(100) kg, ○(10) kg

9 표를 보고 그림그래프로 나타내어 보세요.

마을별 쌀 생산량

마을	생산량
소망	◎○○○○○
기쁨	◎◎
행복	◎○○○○○○
꿈	◎○○○○○○○○○

◎ 100 kg
○ 10 kg

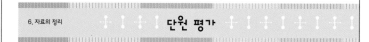

6. 자료의 정리 단원 평가

[1~2] 현이네 반 학생들이 좋아하는 간식을 조사하여 표로 나타내었습니다. 물음에 답하세요.

좋아하는 간식별 학생 수

간식	과일	빵	과자	떡	합계
남학생 수(명)	2	7	2	4	15
여학생 수(명)	2	3	5	2	12

1 가장 많은 남학생들이 좋아하는 간식과 가장 많은 여학생들이 좋아하는 간식을 순서대로 써 보세요.

(빵), (과자)

2 가장 적은 학생들이 좋아하는 간식은 무엇인지 써 보세요.

(과일)

[3~5] 동휘가 채소 가게에서 판매한 채소의 개수를 조사하였습니다. 물음에 답하세요.

3 채소별 판매량을 표로 나타내어 보세요.

채소별 판매량

종류	옥수수	양파	당근	토마토	합계
판매량(개)	8	15	15	18	56

4 가장 많이 팔린 채소는 무엇인지 써 보세요.

(토마토)

5 당근은 옥수수보다 몇 개 더 많이 팔렸는지 구해 보세요.

(7)개

[6~8] 어느 편의점에서 한 달 동안 판매한 음료수의 양을 조사하여 그림그래프로 나타내었습니다. 물음에 답하세요.

음료수별 판매량

음료수	판매량
커피	🍾🍾🍾🍾🍾
주스	🍾🍾🍾🍾🍾🍾🍾
우유	🍾🍾🍾🍾🍾
탄산음료	🍾🍾🍾🍾🍾🍾🍾🍾

🍾 100병
🍾 10병

6 판매량이 가장 많은 음료수부터 순서대로 써 보세요.

(커피, 우유, 탄산음료, 주스)

7 음료수별 판매량을 각각 써 보세요.

커피: 520 병, 주스: 270 병, 우유: 450 병, 탄산음료: 280 병

8 음료수 판매량을 ◎는 100병, △는 50병, ○는 10병으로 하여 그림그래프로 나타내어 보세요.

음료수별 판매량

음료수	판매량
커피	◎◎◎◎◎○○
주스	◎◎△○○
우유	◎◎◎◎△
탄산음료	◎◎△○○○

◎ 100병
△ 50병
○ 10병

6. 자료의 정리 실력 키우기

[1~2] 별빛초등학교 3학년 학생들이 좋아하는 운동을 조사하여 표로 나타내었습니다. 물음에 답하세요.

좋아하는 운동별 학생 수

운동	축구	야구	농구	합계
학생 수(명)	88	37	35	160

1 조사한 내용을 남학생과 여학생으로 나누어 표로 만들었습니다. 표를 완성해 보세요.

좋아하는 운동별 학생 수

운동	축구	야구	농구	합계
남학생 수(명)	41	13	18	72
여학생 수(명)	47	24	17	88

2 좋아하는 여학생 수보다 남학생 수가 더 많은 운동은 무엇인지 써 보세요.

(농구)

3 영진이네 마을의 농장에서 수확한 사과의 양을 조사하여 표와 그래프로 나타내었습니다. 표와 그림그래프를 완성해 보세요.

농장별 사과 수확량

농장	가	나	다	라	합계
수확량(kg)	42	45	54	72	213

농장별 사과 수확량

농장	수확량
가	○○○○△△
나	○○○○△△△△△
다	○○○○○△△△△
라	○○○○○○○△△

○ 10 kg
△ 1 kg